中国城市规划设计研究院重大项目成果

中国工程院重大咨询项目

村镇规划建设与管理

Rural Planning, Construction and Management

（中卷）

《村镇规划建设与管理》项目组　著

中国建筑工业出版社

图书在版编目（CIP）数据

村镇规划建设与管理 = Rural Planning, Construction and Management. 中卷 /《村镇规划建设与管理》项目组著. —北京：中国建筑工业出版社，2019.1

ISBN 978-7-112-22964-2

Ⅰ.①村… Ⅱ.①村… Ⅲ.①乡村规划－研究－中国 Ⅳ.①TU982.29

中国版本图书馆CIP数据核字（2018）第264447号

　　本卷包括《村镇规划建设与管理》的课题三的研究报告。课题《农村经济与村镇发展研究》由中国科学院地理科学与资源研究所承担。分五章梳理研究内容，包括：中国村镇建设与农村发展现状问题；村镇建设产业培育与现代农业发展；不同区域城乡一体化模式与机制研究；村镇建设与农村发展改革创新对策；关于我国农村经济与村镇发展思考。

　　本书适合于村镇规划建设的政策制定者及相关从业人员参考使用。

责任编辑：李春敏　张　磊
书籍设计：锋尚设计
责任校对：张惠雯

村镇规划建设与管理（中卷）
Rural Planning，Construction and Management
《村镇规划建设与管理》项目组　著
*
中国建筑工业出版社出版、发行（北京海淀三里河路9号）
各地新华书店、建筑书店经销
北京锋尚制版有限公司制版
天津图文方嘉印刷有限公司印刷
*
开本：787毫米×1092毫米　1/16　印张：14¾　字数：227千字
2020年12月第一版　2020年12月第一次印刷
定价：**188.00元**
ISBN 978-7-112-22964-2
　　（33050）

总目录

课题三　农村经济与村镇发展研究

课题三
农村经济与村镇发展研究

项目委托单位：中国工程院

项目承担单位：中国科学院地理科学与资源研究所

顾问专家：石玉林　院士

项目负责人：刘彦随、张红旗　研究员

项目联络人：李玉恒、谈明洪　副研究员

子项目负责人：

1　中国村镇建设与农村发展现状问题

　　陈玉福　研究员

　　周　杨　博士

2　村镇建设产业培育与现代农业发展

　　李玉恒　副研究员

　　李裕瑞　博士

3　不同区域城乡一体化模式与机制研究

　　张红旗　研究员

　　谈明洪　副研究员

4　村镇建设与农村发展改革创新对策

　　龙花楼　研究员

　　王介勇　副研究员

一 中国村镇建设与农村发展现状问题

（一）中国村镇建设与农村发展现状

1 中国村镇建设发展历程和阶段特征

（1）中国村镇建设历程

村镇是村庄、集镇、建制镇（县级人民政府所在地建制镇除外）的统称，是农村经济、社会、文化乃至整个面貌的重要载体，是构建农村和谐社会的基地，是亿万村镇居民安居乐业的家园。全面建成小康社会的重点、难点在农村，推进村镇建设是21世纪前20年如期实现全面建成小康社会宏伟目标的关键。《中共中央关于制定第十三个五年规划的建议》提出要坚持工业反哺农业、城市支持农村，健全城乡发展一体化体制机制，推进城乡要素平等交换、合理配置和基本公共服务均等化。要发展特色县域经济，加快培育中小城市和特色小城镇，促进农产品精深加工和农村服务业发展，拓展农民增收渠道，完善农民收入增长支持政策体系，增强农村发展内生动力。提出要促进城乡公共资源均衡配置，健全农村基础设施投入长效机制，把社会事业发展重点放在农村和接纳农业转移人口较多的城镇，推动城镇公共服务向农村延伸。提高社会主义新农村建设水平，开展农村人居环境整治行动，加大传统村落民居和历史文化名村名镇保护力度，建设美丽宜居乡村。

村镇建设包括村镇基础设施、公益设施、住宅、环境等方面的建设，它是村镇居民生产和生活的重要物质基础，是村镇经济社会发展的具体体现。改造和建设农村小城镇是当前我国建立社会主义市场经济体制的重要内容，已被纳入国家经济社会发展的宏观规划。在党中央、国务院的领导和高度重视下，经过各级地方政府和相关部门卓有成效的工作，村镇建设取得了令人瞩目的成就。

改革开放以来，中国农村经历了从家庭联产承包制到农产品流通体制改革，从农村税费改革到集体林权制度改革，从乡镇企业兴起到现代农业全面发展的历史性巨大变革。随着农村改革的深入推进和社会主义新农村建设，村镇建设模式、农村人居环境面貌和农民生活方式都发生了很大变化。我国的村镇建设事业伴随着改革开放的进程，尤其是农村改革的深入推进和社会主义新农村建设，村镇建设模式、农村人居环境面貌和农民生活方式都发生了很大变化（李兵弟，2009）。

1978年以来我国村镇建设与发展大致经历了四个主要阶段，分别是改革开放后到20世纪90年代初期的农村建设恢复和繁荣发展阶段、以小城镇建设为重点的村镇建设时期、21世纪初至2013年的社会主义新农村建设阶段，以及2013年以来的美丽乡村建设阶段。

1）农村建设恢复和繁荣发展阶段（1978~1991年）

十一届三中全会后，农民首创的家庭联产承包责任制推动了农村改革的突破性进展，集中释放了长期压抑的农村社会生产力，农业生产迅速发展，国民经济全面恢复，为全面改革开放和城市发展建设提供了思想成果、实践基础和经济保障。这一时期农村经济快速发展，经济的活跃程度远远超过城市，随着农民收入持续增长，广大农民改善生活条件的意愿明显增强，农村建设从改革开放前停滞状态逐步恢复，逐步走向繁荣。

根据该阶段农村建设的特点，可分为农房建设期（1978~1985年）和村镇建设期（1986~1991年）。在农房建设时期，农民住房建设迅猛发展，出现了新中国成立以来最大规模的建设高潮，广大农民的住房条件得到了较大改善。我国长期自发进行的农房建设，逐步走上了有引导、有规划、有步骤的发展轨道。在以集镇为中心的村镇建设时期，乡镇企业的繁荣发展带动了农村经济的快速发展，农村地区建设持续快速增长。在注重农房建设的同时，也开始注重加强村镇规划，引导改善农村的生产和生活环境。乡镇企业呈现出分散布局的特征，在一定程度上促进了小城镇的发展。

2）农村建设调整发展阶段（1992~2002年）

进入20世纪90年代中期以后，随着市场经济的发展和经济体制改革的不断深入，城镇化发展速度逐年加快，我国的经济社会发展进入到经济持续增长和城市快速发展为主导的城镇化阶段。农村建设发展势头减缓，遇到了乡镇企业竞争力下降、农民收入增长停滞、环境不断恶化、耕地严重流失和城乡收入差距不断拉大等新的问题与矛盾。这一时期农村建设的基本特点表现为在城市带动下的跟进式发展。根据这一时期农村建设的特点，又可分为小城镇重点建设（1992～1996年）和城市主导下的农村建设（1997～2002年）两个时期。

小城镇重点建设时期（1992～1996年）

该时期的村镇建设表现出3个主要特点：①从国家和农村发展的战略高度，把小城镇建设作为村镇建设的重点，以推进农村工业化、农业现代化、农村城镇化为目标，重点加强小城镇规划建设与管理。到1996年底，全国所有的省（区、市）、98%的地（市、县）和67%的乡镇都建立了村镇建设管理机构，基本形成了村镇建设管理网络。②小城镇带动了农村建设和城镇化发展，农村出现第二次建设高潮。随着国家对小城镇建设的重视和农村生产要素向小城镇集聚速度加快，小城镇发展较快。数据显示，1992～1995年全国小城镇数量由11924个增加到17282个，年均增长1786个。该时期小城镇的基础设施建设和投资环境明显改善，城镇功能不断充实，吸纳了大量农村的富余劳动力。同时，农业机械化作业有了新的发展空间，农业生产效率极大提高，农村集体收入和农民收入有了显著增加，带动农村住房特别是基础设施和公用设施建设出现了一个新的高潮。③农村人口开始大规模向城市流动，给城市发展注入新的活力。国家放宽对农民进城务工的限制，给予农民在城市的就业权。20世纪80年代中后期，特别是进入90年代以来，农民进城务工的转移规模和流动规模越来越大，范围越来越广，周期越来越长，涉及的行业越来越多。改革开放初期，农村外出务工者不超过200万人，到1988年超过了2500万人，1998年在外农民工超过了8000万人。"民工潮"的涌动深刻地改变了城市，为城市发展注入了新的活力。

城市主导下的农村建设和发展时期（1997～2002年）

表现出4个基本特征：①随着城镇化进程不断推进，城市经济尤其是大城市的主导地位更加突出，农村建设进入跟进发展时期。20世纪90年代中期后，城镇化年均增长率超过1%，城市尤其是大城市的主导地位更加突出，城乡差距逐步拉大。2000年农村人均消费支出仅为城镇居民消费支出的33.4%，比1997年降低了5.2%。城市对人口和产业的集聚能力增强，成为城镇化发展的主要动力源，农村地区的生产要素和劳动力流入城市，要素资源的流失使得农村地区呈现出城市带动下的渐进发展。②小城镇简单套用城市管理模式，对农村的集聚作用相对下降。不少小城镇照搬城市的发展和管理模式，在运用市场机制谋发展和为农村提供公共服务两个方面都出现了不足，一些小城镇过于依附于大城市城镇体系的发展，基础设施和公共服务设施建设缓慢，农村人口和部分乡镇企业向更有吸引力的大中城市转移，小城镇对周边农村地区人口和企业的吸纳与集聚作用下降，服务农村的能力严重削弱。③城市发展带动了部分发达地区农村发展，农村地区发展差异在同步加大。随着我国城镇化进程的加速，城市地区的发展速度明显超过了农村地区，城市对周边郊县农村的带动和扩散逐年增强，部分城市周边的农村地区快速发展，城乡互动更紧密。受不同区域经济发展不平衡的影响，农村发展的区域差异渐趋明显，东部沿海尤其是珠三角、长三角和京津唐等地区，形成了城市群和城镇密集地区，建制镇的数量、规模和经济实力明显高于中西部地区，部分发达地区的重点镇，其经济实力和社会发展水平、服务功能已远远超过了边远贫困地区的县城镇，甚至超过了一些中小城市。④受市场要素冲击，农村土地流失与失控现象加剧，农村生态环境遭到破坏，城乡差距拉大。在城镇化加速发展进程中，城市向农村地区的急速扩张和农村用地向城市用地的大量转变，成为当时的发展特点。受市场要素的冲击，许多地区大量农用地在城镇化进程中被改为城市用地，农村地区生态环境遭到破坏。

3）新农村建设阶段（2003~2013年）

21世纪以来，随着我国经济社会的迅速发展，农业增产、农民增收和农村建设进一步得到发展，严峻的"三农"问题没有得到根本改变，农业发展基础脆弱的外部环境没有改变，城乡经济社会发展差距拉大的基本态势没有改变。党和国家审时度势，科学决策，出台了一系列重大战略决策，推动了城乡统筹协调发展进程，村镇建设进入到新农村建设和改善农村生态人居环境的新阶段。呈现5个基本特征：①"三农"问题得到高度重视，城乡关系进入到"工业反哺农业、城市支持农村"的发展阶段；②农村人口持续向城市转移，城镇化继续加快发展；③科学发展观成为指导村镇建设工作的基本指导思想，改善农村人居环境成为社会主义新农村建设的重要内容；④城市基础设施和公共服务设施向农村延伸，部分地区出现了城乡融合的发展态势；⑤小城镇功能开始由简单的乡村中心向复合型的农村区域中心转变。

4）美丽乡村建设阶段（2013～今）

党的十八大提出城乡发展一体化和建设美丽中国的宏伟目标。美丽中国建设的重点和难点在乡村，美丽乡村建设是美丽中国建设不可或缺的重要组成部分。美丽乡村建设不仅是社会主义新农村建设的积极探索，也是"美丽中国"和生态文明在中国农村的重要实践形式。早在2008年，浙江省安吉县就立足县情提出"中国美丽乡村建设"，计划用10年左右时间，把安吉建设成为"村村优美、家家创业、处处和谐、人人幸福"的现代化新农村样板，构建全国新农村建设的"安吉模式"。近年来，浙江美丽乡村建设成绩斐然，成为全国美丽乡村建设的排头兵。如今，安徽、广东、江苏、贵州等省也在积极探索本地特色的美丽乡村建设模式。2013年7月，财政部采取一事一议奖补方式在全国启动美丽乡村建设试点（1146个），从而我国村镇建设步入美丽乡村建设的新阶段。由于各地美丽乡村建设的理念不一致、资源禀赋和经营方式的不同以及城镇化和经济社会发展水平的差异，形成了特色各异的美丽乡村建设模式与经验。目前中国美丽乡村建设有十大模式：①产业发展型模式，主要在东部沿海等经济相对发达地区，其特点是产业优势和特色明显，初步形成"一村一品"、"一乡一业"（江苏省张家港市南丰镇永联村）；②生态保护型模式，主要是在生态优美、环境污染少的地区，其特点是自然条件优越，具有传统的田园风光和乡村特色（浙江省安吉县山川乡高家堂村）；③城郊集约型模式：主要是在大中城市郊区，其特点是经济条件较好，公共设施和基础设施较为完善，是大中城市重要的"菜篮子"基地（上海市松江区泖港镇）；④社会综治型模式，主要在人数较多，规模较大的村镇，其特点是区位条件好，经济基础强，带动作用大，基础设施相对完善（吉林松原市扶余市弓棚子镇广发村）；⑤文化传承型模式，在具有特殊人文景观，包括古村落、古建筑以及传统文化的地区，其特点是有优秀民俗文化以及非物质文化（河南省洛阳市孟津县平乐镇平乐村）；⑥渔业开发型模式，主要在沿海和水网的传统渔区，通过发展渔业促进就业，增加渔民收入，渔业在农业产业中占主导地位（广东省广州市南沙区横沥镇冯马三村）；⑦草原牧场型模式，主要在我国牧区半牧区县（旗、市），其特点是草原畜牧业是牧区经济发展的基础产业（内蒙古锡林郭勒盟西乌珠穆沁旗浩勒图高勒镇脑干哈达嘎查）；⑧环境整治型模式，主要在农村脏乱差问题突出的地区，其特点是农村环境基础设施建设滞后，环境污染问题（广西壮族自治区恭城瑶族自治县莲花镇红岩村）；⑨休闲旅游型模式，主要是在适宜发展乡村旅游的地区，其特点是旅游资源丰富，住宿、餐饮、休闲娱乐设施完善齐备（江西省婺源县江湾镇）；⑩高效农业型模式，主要在我国农业主产区，其特点是以发展农业作物生产为主，农产品，商品化率和农业机械化水平高（福建省漳州市平和县三坪村）。

（2）中国村镇建设现状

1）村镇建设基本现状

住房和城乡建设部《2015年城乡建设统计公报》显示，截止至2015年底，全国共有建制镇20515个，乡（苏木、民族乡、民族苏木）11315个。据17848个建制镇、11478个乡（苏木、民族乡、民族苏木）、643个镇乡级特殊区域和264.46万个自然村（其中村民委员会所在地54.21万个）统计汇总，村镇户籍总人口9.57亿。其中，建制镇建成区1.6亿，占村镇总人口的16.73%；乡建成区0.29亿，占村镇总人口的3.02%；镇乡级特殊区域建成区0.03亿，占村镇总人口的0.33%；村庄7.65亿，占村镇总人口的79.92%。

全国建制镇建成区面积390.8万公顷，平均每个建制镇建成区占地219公顷，人口密度4899人/平方公里（含暂住人口）；乡建成区70.0万公顷，平均每个乡建成区占地61公顷，人口密度4419人/平方公里（含暂住人口）；镇乡级特殊区域建成区9.4万公顷，平均每个镇乡级特殊区域占地146公顷，人口密度3906人/平方公里（含暂住人口）。

全国已编制总体规划的建制镇16798个，占所统计建制镇总数的94.1%，其中本年编制1452个；已编制总体规划的乡9030个，占所统计乡总数的78.7%，其中本年编制666个；已编制总体规划的镇乡级特殊区域479个，占所统计镇乡级特殊区域总数的74.5%，其中本年编制32个；已编制村庄规划的行政村328162个，占所统计行政村总数的60.5%，其中本年编制20216个。2015年全国村镇规划编制投入达32.25亿元。

全国村镇建设总投入15673亿元。按地域分，建制镇建成区6781亿元，乡建成区559亿元，镇乡级特殊区域建成区129亿元，村庄8203亿元，分别占总投入的43.3%、3.6%、0.8%、52.3%。按用途分，房屋建设投入11945亿元，市政公用设施建设投入3728亿元，分别占总投入的76.2%、23.8%。在房屋建设投入中，住宅建设投入8785亿元，公共建筑投入1310亿元，生产性建筑投入1850亿元，分别占房屋建设投入的73.5%、11.0%、15.5%。在市政公用设施建设投入中，供水434亿元，道路桥梁1589亿元，分别占市政公用设施建设总投入的11.6%和42.6%。2015年，全国村镇房屋竣工建筑面积11.36亿平方米，其中住宅8.56亿平方米，公共建筑1.13亿平方米，生产性建筑1.68亿平方米。2015年末，全国村镇实有房屋建筑面积381.02亿平方米，其中住宅320.68亿平方米，公共建筑24.49亿平方米，生产性建筑35.86亿平方米，分别占84.2%、6.4%、9.4%。全国村镇人均住宅建筑面积33.37平方米。其中，建制镇建成区人均住宅建筑面积34.55平方米，乡建成区人均住宅建筑面积31.22平方米，镇乡级特殊区域建成区人均住宅建筑面积33.47平方米，村庄人均住宅建筑面积33.21平方米。

在建制镇、乡和镇乡级特殊区域建成区内，年末实有供水管道长度57.64万公里，排水管道长度18.17万公里，排水暗渠长度9.43万公里，铺装道路长度42.54万公里，铺装道路面积29.13亿平方米，公共厕所15.39万座。2015年末，建制镇建成区用水普及率83.79%，人均日生活用水量98.69升，燃气普及率48.7%，人均道路面积12.8平方米，排水管道暗渠密度6.17公里/平方公里，人均公园绿地面积2.45平方米。乡建成区用水普及率70.37%，人均日生活用水量84.32升，燃气普及率21.4%，人均道路面积13.1平方米，排水管道暗渠密度4.18公里/平方公里，人均公园绿地面积

1.10平方米。镇乡级特殊区域建成区用水普及率89.86%，人均日生活用水量82.80升，燃气普及率52.3%，人均道路面积16.29平方米，排水管道暗渠密度6.00公里/平方公里，人均公园绿地面积3.03平方米。全国65.6%的行政村有集中供水，11.4%的行政村对生活污水进行了处理，62.2%的行政村对生活垃圾进行处理。

2）村镇建设投入稳步增加

近年来，随着新农村建设与民生改善越来越成为社会关注的焦点，中央以及地方政府在村镇建设方面的投资力度逐渐增大，农村交通、教育、卫生条件得到一定改善，乡村地区生产生活环境有所改观，村镇生产性基础设施和公共服务设施水平也得到一定提高，新农村建设总体上取得了较为显著的社会经济绩效。2012年中央财政用于"三农"的投入达1.23万亿元，占中央财政支出的比重由2005年的7.2%，增至2012年的19.2%，平均每年增加2000多亿元，并明显向粮食生产、农村饮水安全、农村公路、农村沼气、农村社会事业发展等直接改善农村生产生活条件的领域倾斜（图3-1-1）。农村固定资产投资也由2005年的1.37万亿元，增至2010年的3.67万亿元，在耕地面积减的背景下，粮食产量仍然实现了"十连增"，农民收入年均增长超过12%，快于2000~2005年农民收入年均增长速度（7.6%）（图3-1-2）。到2013年，全国村镇建设总投资16235亿元。按地域分，建制镇建成区7148亿元，乡建成区706亿元，镇乡级特殊区域建成区198亿元，村庄8183亿元，分别占总投资的44.0%、4.4%、1.2%、50.4%。按用途分，房屋建设投资12579亿元，市政公用设施建设投资3656亿元，分别占总投资的77.5%、22.5%。在房屋建设投资中，住宅建设投资8934亿元，公共建筑投资1288亿元，生产性建筑投资2356亿元，分别占房屋建设投资的71.1%、10.2%、18.7%。在市政公用设施建设投资中，供水571亿元，道路桥梁1591亿元，分别占市政公用设施建设总投资的15.6%和43.5%。

地方政府在新型村镇建设方面也配套了大量资金，如山东省财政厅筹资4.4亿元用于开展"百万农户建新房"工程。在村镇规划管理方面，2013年全国村镇规划编制投入达55.23亿元，已编制总体规划的建制镇15810个

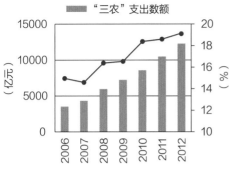

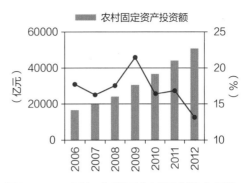

图3-1-1 近年来我国"三农"支出　　图3-1-2 近年来我国农村固定资产投资

（占比90.6%），已编制总体规划的乡9055个（占比73.7%），已编制总体规划的镇乡级特殊区域477个（占比70.9%），已编制村庄规划的行政村及自然村105.8万个（占比33.2%）。农民的医保、社保和公共医疗服务条件等都得到了极大的改善，农业产生效率有所提高，农村面貌发生了积极变化，涌现出工业化、城镇化拉动新农村建设、集体经济保障农村可持续发展、产业结构调整引领农村转型发展等成功的典范。

3）村镇企业发展势头良好

20世纪80～90年代，乡镇企业的兴起，推动了我国经济高速发展，在一定程度上带动了农村经济发展与农民收入提高，以沿海苏南地区与浙江地区最为典型，形成了特色的镇域经济。到了20世纪90年代中后期，乡镇企业起步阶段的机制优势、政策优惠、市场环境优越等有利条件日渐丧失，随着国际与国内市场环境的变化，乡镇企业也在发生深刻变化，处于被淘汰的境地。进入新世纪以来，随着经济结构调整和市场化、国际化程度提高，我国乡镇企业呈现出增长主体民营化，增长产业新型化，增长方式集约化，增长区域集群化的特点，乡镇企业正由过分注重速度增长向注重质量提高转变，由单一的外延扩张向内涵提高转变，从高耗低产向高效低耗转变，从遍地开花向集约经营转变。

同时，国家的扶持性政策也进一步促进了乡镇企业的发展。2004年以后，中央把解决"三农"问题作为全党工作的重中之重，在市场准入、就业培训、发展农产品加工、发展外向型经济、基础设施建设、加快技术进步等方面制定了一系列扶持性政策；制定并采取了工业反哺农业的方针；

党和国家已经认识到乡镇企业在解决"三农"问题方面的重要作用，提出了放手放活发展个体私营经济，发展农村非公有制企业的指导思想，乡镇企业迎来了新一轮发展机遇期。

2012年，乡镇企业数量为2913.71万家，从业人员1.64亿人，新增就业人数超过200万人，农民人均纯收入中有2800元来自乡镇企业，约占农民人均纯收入的35.4%。总产值达到61.67万亿元，农产品加工业和以休闲农业为主的第三产业均占到1/4。全国有8.5万个村开展休闲农业与乡村旅游活动，休闲农业与乡村旅游经营单位达170万家，其中农家乐150万家，规模以上休闲农业园区超过3.3万家；全年接待游客超过8亿人次，营业收入超过2400亿元，从业人员2800万。乡镇企业营业收入61.05万亿，利润总额3.68万亿，而2000年总产值、营业收入和利润总额仅分别为11.62万亿元、10.78万亿元和5882.55亿元，年均增长率分别为14.92%、15.55%和16.51%（表3-1-1，图3-1-3）。

2000~2012年乡镇企业主要经济发展指标　　表3-1-1

年份	企业数量（万个）	从业人员年末数（亿人）	总产值（万亿元）	营业收入（万亿元）	利润总额（亿元）
2000	2084.66	1.28	11.62	10.78	5882.55
2001	2115.54	1.31	12.60	11.66	6001.50
2002	2132.69	1.33	14.04	12.98	7557.79
2003	2185.08	1.36	15.24	14.68	8571.22
2004	2213.22	1.39	17.25	16.64	9932.18
2005	2249.59	1.43	21.78	21.52	12518.60
2006	2314.47	1.47	24.98	24.68	14735.13
2007	2390.89	1.51	29.01	28.66	17643.47
2008	2599.21	1.55	35.35	34.78	20706.57
2010	2742.46	1.59	46.47	44.44	27187.29
2011	2844.15	1.62	55.04	53.10	32425.85
2012	2913.71	1.64	61.67	61.05	36815.00

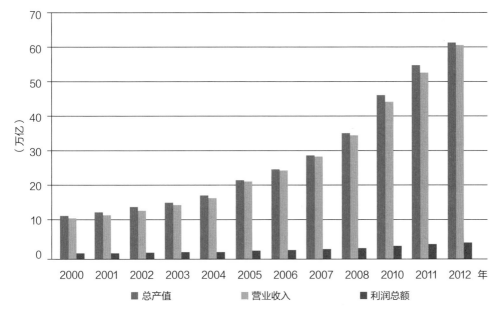

图3-1-3 2000～2008、2010～2012年乡镇企业主要经济发展指标

（3）村镇基础设施建设格局

从村级基础设施投资总量来看，2007～2012年东部地区村级基础设施投资总额明显高于西部和东北部地区。从投资项目来看，对道路桥梁建设和供水设施建设的投资比重普遍较大，还处于基础设施建设的前期阶段。相比而言，北京和天津在环境卫生和园林绿化方面的投资比重较高，已进入基础设施建设的新阶段。

从乡级公共基础设施建设投资情况来看，2007～2012年乡的公共基础设施建设累计投资存在明显的区域差异，人口大省、经济大省投资较多。在投资结构方面，道路桥梁建设投资所占比重较大，其次是供水。

从乡级公共基础设施建设资金的来源来看，除四川、云南等省区，乡级基础设施建设所需资金主要来自于市（县）财政以及本级财政支持，而且东部和中部地区相对于西部地区而言，本级财政支持比重更大。

从镇级基础设施建设投资规模来看，山东、江苏、浙江、广东、安徽及四川等省区较多，西北、东北和西南地区相对较少，中部省区居中，呈明显的东中西递减态势；就其资金来源而言，大部分地区主要来自本级财政，其次是市（县）财政。

2 中国农村发展现状

（1）改革开放以来农村经济发展历程及现状特点

1）农村经济发展阶段分析

综合考虑背景、方式、动因和基本脉络等方面，将我国改革开放以来农村经济发展划分为5个阶段。

①家庭承包制推动农村微观经营主体重构阶段（1978～1984年），实现了由人民公社体制向乡镇体制的转变。以家庭承包制改革及其完成为标志，逐步确立以家庭承包经营为核心的农村基本经营制度，从根本上改变了农村经济产权结构。农民群体在农业生产实践中的创造性和能动性得到释放，在短时间内粮食生产达到较高水平。这一时期，粮食问题仍然是重点解决的问题，形成"绝不放松粮食生产，积极发展多种经营"的方针，并对种植业内部结构进行调整。1978年，全国农民每人年平均从集体分配到的收入仅有74.67元，其中两亿多农民的年平均收入低于50元，1984年农民人均纯收入提高到355.3元。农户固定资产投资也由1980年的110亿元上升到379.1亿元，增长了2倍多。

②乡镇企业异军突起带动农产品流动体制改革阶段（1985～1991年），实现了农村经济的超高速发展。家庭联产承包取代人民公社集体生产，革除了新中国几十年农业经营体制上的积弊，农业劳动生产效率成倍提高，经营农业的人口显著下降，农村出现新中国成立以来第一次劳动力过剩的现象。乡镇企业为农村剩余劳动力转移开辟了新的途径，解决了农村劳动力急需流动的难题，并逐渐上升为农村经济新的增长点和支柱产业。此时期乡镇企业发展模式主要包括以集体企业为主的"苏南模式"和以家庭经济为主的"温州模式"。乡镇企业的崛起和发展，带动了农业结构调整由农业内部向农业外部、由第一产业向二、三产业扩展。乡镇企业从业人员从初期的5028万人增加到9545.5万人，增长率高达89.9%（李瑞芬等，2006）。农民人均收入从1985年397.6元提高到1991年708.6元，并且工资性收入和家庭经营收入分别增长110.4%和76.9%，而同期农业收入仅增长67.6%。

③农业产业化战略思想下农村经济市场化改革稳步推进阶段（1992～1997年），初步建立粮棉等主要农产品市场调节的框架。1992年，国务院做出发展高产优质高效农业的决定，强调适应市场对农产品消费需求变化，优化品种结构，标志着我国农业结构调整从过去注重数量向数量、质量和效益并重转变。这次结构性调整促使农业内部各产业协调发展，尤其是畜牧和水产业的增产效果特别明显。党中央、国务院还就如何搞活农村金融、发展生产要素市场、增加农民收入、实施科教兴农战略、加强农村社会化服务体系建设等制定出台一系列政策措施（黄震，2008）。这一阶段出现了以市场为导向的农村生产组织方式（"公司+农户"和合作社模式），依托龙头企业连接农户生产与国内外市场，实现贸工农、产供销和种养加一体化经营，农村经济进入产业化发展阶段。在1994、1996年两次粮食提价达到82%和乡镇企业发展的拉动下，农民人均纯收入上升速度较快，1996年为9%，达到了自1985年以来10年间的最高水平（孔祥智，涂圣伟和史冰清，2008）。

④市场经济体制和城乡二元结构下"三农"问题暴露时期（1998～2002年）。随着农村改革的不断深入，20世纪90年代初期"三农"发展过程中初现端倪的一些现象，在世纪之交逐渐凸现为以农民收入过低为核心的"三农问题"，其根本原因在于市场化改革的步伐在不断推进，但城乡二元社会经济结构却没能随之做出根本性的变革。1997年以后农民收入进入缓慢增长阶段，城乡之间以及不同区域之间农民收入差距不断扩大。按照农户家庭纯收入的"五等分"分组统计结果，1990年最低收入组、最高收入组和中等收入组农户的比值分别是43∶100∶275，1995年扩大到40∶100∶299，到2000年进一步扩大到36∶100∶342（关锐捷，张晓辉和郭建军，2001）。此外，沿海地区快速发展带来就业机会，促使农民不断爆发大规模外出寻找就业机会的"民工潮"，开启了农村劳动力大规模、候鸟式的跨区域双向流动畜牧。

⑤新农村建设促进农村经济发展阶段（2003年以来），强农惠农富农的政策体系逐步强化。以中共十六大的召开为标志，依靠系列一号文件的连续出台，持续加大对农村建设的投入力度，在科技支撑和城乡统筹发展

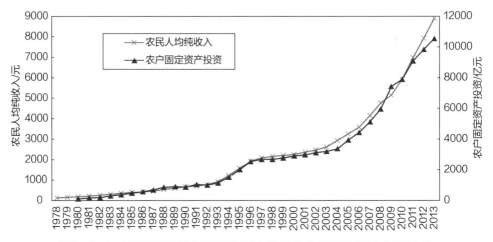

图3-1-4　改革开放以来我国农民人均纯收入及固定资产投资变化

数据来源：《中国统计年鉴》、《中国农村统计年鉴》。

新思路指导下，全方位应对"三农"问题。十六大之后，中央提出统筹城乡发展的思想，制定工业反哺农业、城市支持农村、"多予少取放活"的基本方针，并从2004年至今连续出台破解"三农"的中央一号文件，指导和部署"三农"工作。系列一号文件以统筹城乡的科学发展观为主线，突出农民增收、农业综合生产能力及新农村建设等主题。这一时期取消了农业税，结束了农民缴纳"皇粮国税"绵延2600多年的历史。2004年之后，农民人均纯收入和固定资产投资保持较高增速（每年10%以上）。2013年农村居民人均纯收增加到8895.9元，改革开放以来农民收入增长了66.4倍。

2）农村经济发展现状及特点

城乡二元结构逐渐减弱，村镇发展面临转型和重构。改革开放以来，我国农村发展经历了从封闭向开放转变，从生存型向发展型转变，从国家政策核心走向边缘而今又被重视。目前城镇化是国家解决"三农"问题的重要手段。城乡二元结构也逐渐随着农村新农合、农村养老保险、取消城乡户口类型等减弱。在城镇化发展过程中，城镇作为城市和农村重要连接点具有前所未有的发展机遇，社会、经济和文化等面临转型和变革。

农业生产结构不断调整，农产品供求总量基本平衡，特色、优质农产品缺乏。农产品市场化改革以来，种植业形成粮经二元结构，林、牧、渔业规模不断扩大，农业产业结构趋于合理。然而，受农产品工业用途拓展，农田基础设施老化，农业劳动力不断流出，耕地不断减少，水资源短缺，单产提速减缓等影响，农产品总量基本平衡。同时，随着人口生活水平提高，消费结构升级，对特色、优质农产品需求提高，农产品出现结构性短缺。

农民收入不断提高，持续增收面临困难。随着农业结构调整及中央政府强农惠农政策力度不断增强，农民收入水平不断提高。2004年，我国农民人均纯收入增速出现拐点，农民收入连续9年增速超过6%，年均增收600多元。工资性收入与家庭经营收入比重不断增大。1998~2003年工资性收入、家庭经营收入、转移性收入、财产性收入对农民增收的贡献率分别为90.7%、0.07%、0.3%、9.7%，2004~2010年分别为46.2%、38.8%、10.9%、4.1%，农民增收的动力由以工资性收入为主转为以工资性收入和家庭经营收入为主。然而，农业生产成本逐年上升，在种植业方面，劳动力成本、化肥成本、土地成本、机械成本等都有大幅度上涨；同时，去年以来，我国区域性发展方式转变、产业结构调整、重大基础设施建设的进展明显放缓，带来部分地区农民持续增收面临困难。

农村劳动力短缺，新型主体有待培育和发展。随着大量农村劳动力向城镇转移，青壮年劳动力、受教育程度相对较高的劳动力、男性劳动力在农村劳动力的比重大幅下降，并且，农村劳动力向城镇转移的趋势不会减弱。农村剩余人口呈现老龄化、妇女化和幼龄化特点。随着农村劳动力尤其是青壮年劳动力持续向二、三产业转移，使得农业劳动力呈现出农忙季节性短缺、区域性短缺、青壮年短缺。

农业组织化进程加快，但仍处于发展阶段。农民专业合作社与各类农业产业化组织迅猛发展，"公司+农户"、"公司+合作社+农户"等多种农业经营方式并存，家庭经营、合作社经营与企业经营高度融合，农业规模经营不断扩大。截至2014年上半年，中国土地流转面积已经达到3.8亿亩，占全国耕地面积的28.8%，达到2008年土地流转面积的3.5倍。各类专业大户达到367万户，专业合作社98万个。然而，专业合作社、企业规模普遍偏小，市场竞争性强的占少数，普遍存在"盈利企业收益，亏损百姓承担"现象；社会服务体系不健全，基础设施配套不足，尚处于发展阶段。

村镇乡镇企业规模不大，对城镇化推动作用有限。20世纪80年代中期是乡镇企业发展井喷时期，受乡镇企业分布散、规模小、基础设施配套差等特点，以及国家制定以城市发展为中心的政策后，乡镇企业发展处于停滞期。进入新世纪，出现大规模候鸟式"民工潮"并随之给农村和城市带来较大创伤。目前乡镇企业与城市对比仍处于弱势，跨区域人口流动规模有增无减，然而城市容纳能力有限，需要壮大乡镇企业，发挥城镇作为城市与农村之间的链接点的重要作用。

（2）农村人口与居民点用地变化的时空耦合特征

随着我国工业化、城镇化的快速发展，城乡人口流动逐渐加快，越来越多的农村劳动力向非农产业和城镇转移就业。同时，非农就业增多和农业生产效率提升带来农民收入增长，生活与消费观念也随之发生深刻变革，在相应时期的制度框架下驱动着农村土地利用结构与格局的变化，给城乡土地利用配置和管理带来了新的问题和挑战。

1）农村人口变化特征

①省域农村人口变化特征

1978～2012年我国农村人口变化呈现以下特征。我国乡村常住人口和农业户籍人口数量分别于1996年和2001年开始转型，进入快速下降期。改革开放以来，我国农业户籍人口经历了1978～1991年的快速增长期（年均增加697万人）、1992～2000年的缓慢增长期（年均增加145万人）和2001年以来的快速下降期（年均减少226万人）；乡村常住人口数量经历了1978～1995年的快速增长期（年均增加445万人）和1996年以来的快速下降期（年均减少1315万人）；随着农村人口向城镇"离乡不离户"的流动加剧，农业户籍人口和乡村常住人口数量的差值于2012年增加到2.36亿人，即2012年至少有2.36亿农村人口常年在非户籍所在地居住就业，与当年外出务工人口总量大致相当。计划生育政策的贯彻执行、20世纪90年代以来对小城镇建设日益重视并配套进行不同程度的户籍制度改革、各级政府对农村劳动力有序转移给予的大力引导，是近年农村人口数量转型的制度与政策原因，而城镇化、工业化的持续快速推进是其社会经济驱动力。

由于分省乡村人口数从2001年（实为2000年数据）才开始公布，所以

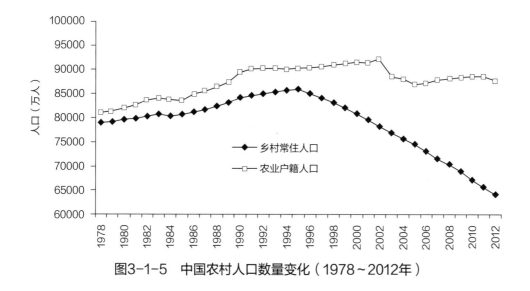

图3-1-5　中国农村人口数量变化（1978～2012年）

本课题考虑2000～2012年乡村人口和农业户籍人口时空变化演变特征。我国农村人口主要分布在胡焕庸线东南侧省区，城镇化速度和外出务工比重的变化差异塑造了农村人口变化率的空间聚集分布特征。

a. 农业户籍人口快速减少的省区主要为城镇化和工业化快速推进的东部沿海经济发达省区，北方省区减少速度相对较慢，而人口总量增长带动中部农区和西南欠发达省区农业户籍人口略有增加：①高速减少区以东部沿海发达省区为主，此类地区的年均变化率为全国平均水平（0.05%）的2倍以上；②中速减少区包括湖北、河北、浙江、浙江等省，变化率略高于全国平均水平；③低速减少区包括山西、海南、黑龙江、内蒙古、吉林、甘肃和四川，此类地区农业户籍人口减少速度低于全国平均水平；④农业户籍人口仍有所增加的省区以中部农区和西南欠发达省区为主体，其中青海、云南、宁夏增速低于0.05%，属低速增加区，其余8个中速增加的省区其增速也均在1%以内。

b. 乡村常住人口快速减少的省区主要为城镇化和工业化快速发展的东部沿海经济发达省区，以及农业富余劳动力大量外出务工的粮食主产区：①高速减少区有江苏和重庆两省市，减少速度为全国平均水平（-0.16%）的2倍以上；②快速减少区以粮食主产区为主，12个此类省区的减少速度介于全国平均水平的2～3倍之间；③中速减少区主要包括浙江、山东、甘肃、山西、宁夏等8省；④低速减少区包括新疆、青海、海南、黑龙江、吉林、广东等8省区；⑤略有增加区包括西藏和上海2省市。

②县域农村人口变化特征

据统计，1980～2010年我国县域（含县、县级市、市辖区）农村人口的变化情况，全国2253个县域单元中有707个县域单元的农村人口增加，约占全国县域单元的31.38%[①]。其中农村人口增加10万人以下的县域单元545个，主要分布在新疆、青海、四川中西部、云南西部、内蒙古南部等地区；农村人口增加10万～50万人的县域单元共计117个，约占全国5.2%，零星分布于新疆西南部喀什地区和和田地区、广东湛江、河南周口、云南昭通等地区；农村人口增加50万～100万人的县域单元40个，大部分是城市市辖区或周边区县；农村人口增加100万以上的县域单元6个，分别是重庆市、上海市、武汉市、汕头市、河源市等市辖区。随着经济迅速发展和城市化进程快速推进，1980～2010年全国共有1546个县域单元的农村人口减少，占全国的68.62%。胡焕庸线东侧以农村人口减少为主，西侧以农村人口增加为主。农村人口减少10万人以下的县域单元共982个，占全国县域单元的43.6%，集中分布在我国华南、中南、西南、华北、东北等部分地区；农村人口减少10万～20万人的县域单元共316个，分布在安徽中南部、福建东部、广东西南部、广西中部、河北中部及北部等地区；农村人口减少20万人以上的县域单元主要分布在东部沿海、长三角、珠三角、四川西部、重庆等部分地区，大致沿长江流域分布。

2）农村人口与农村居民点用地变化的时空耦合

基于时间序列数据探讨中国农村人口与农村居民点用地变化的总体态势，基于分省数据结合GIS空间制图技术分析二者变化的区域差异。并且，构建农村人口与农村居民点用地变化协调度分析模型，进一步揭示二者的时空耦合特征。模型表述为：I=RP/RS。式中，I表示人地增减变化弹性系数，RP为农村人口年均变化率，RS为农村居民点面积年均变化率。根据

[①] 1980年县域农村人口数来自《中国分县农村经济统计概要》(1980～1987)，2010年农村人口数来自《中国县域统计年鉴》(2011)。县域单元不包含台湾、香港、澳门和西藏。县域单元包括县、县级市、市辖区。

RP和RS的正负方向及I的大小综合划定协调类型。如图3-1-6所示，若位于第Ⅰ区，表明RP和RS同为正，且前者大，即农村人口和居民点用地都在增长，但用地增速更慢，因而人均居民点用地减少，趋向于集约、协调；若位于第Ⅳ区，表明农村人口减少而居民点用地增长，且人口减少速度更快，人均居民点用地增加，趋向于粗放、失调；其余以此类推。

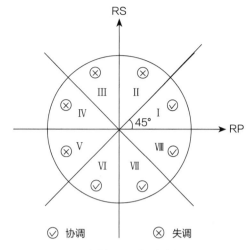

图3-1-6　农村人口与农村居民点用地变化类型图解

①1996～2007年农村人口与农村居民点用地变化的时序耦合特征

关于农业户籍人口与农村居民点用地变化的时序耦合类型的11个评价年度中，分别有4个和2个年度属于人地变化协调的Ⅰ、Ⅷ类，分别有1个和4个年度属于人地变化失调的Ⅲ、Ⅳ类；而对乡村常住人口与农村居民点用地变化之时序耦合类型的评价表明，有9个年度为人地变化失调的Ⅳ类，2个年度为人地变化失调的Ⅴ类，合计11个年度全部失调。由此可见，农村人口与农村居民点变化的时序关联失调，农村人口的减少尤其是乡村常住人口的减少并未带来农村居民点用地的随之减少。

②2000～2007年农村人口与农村居民点用地变化的空间耦合特征

在城乡转型发展进程中，农业户籍人口和乡村常住人口均在减少，但当前的农村居民点用地管控机制尚未取得明显效果，该部分人口的居民点用地并未随之退出，用地效率趋向于粗放，人地变化关系失调，在空间上以北方省区和东部沿海省区较为突出。

a. 农业户籍人口与农村居民点用地变化的空间耦合特征：①分别有4个、2个和4个省区为人地变化协调的Ⅰ、Ⅵ、Ⅷ类，合计为10个省区，主要分布在西南和中部地区，其中河南、安徽、江西、湖南为人增地减的协调型，表明该4省区在近年农村人口增加的过程中实现了农村居民点的集约利用，人均用地呈下降趋势；②分别有1个、4个、11个和5个省区属人地变化失调的Ⅱ、Ⅲ、Ⅳ、Ⅴ类，其中有15个省区为人减地增的Ⅲ、Ⅳ类严重失调型，主要分布在北方和东部沿海地区。

b. 乡村常住人口与农村居民点用地变化的空间耦合特征：①分别有2个、2个、16个和10个省区属人地失调的Ⅱ、Ⅲ、Ⅳ、Ⅴ类，合计失调省区数达30个，其中有18个省份为农村土地管控严重失调的人减地增型，主要分布在北方省区，以及东部、南部、西南部的沿海或内陆边陲省区；②仅上海为Ⅷ类人增地减协调型。

3 我国耕地与农业劳动力变化时空耦合特征

耕地与农业劳动力是农业生产的关键要素，也是乡村地域人地关系研究的重要内容。在城乡转型发展进程中，农业劳动力非农流转和耕地流失理应具有一定的耦合关系，区域单位耕地承载的劳动力数量也应有一个适宜区间。特别是在区域耕地快速减少的同时，农业劳动力能否随之非农转移，促进劳耕比例的适应性调节，成为保障乡村系统有序发展的重要前提。

（1）耕地变化的时空特征

1）1996～2005年

1996～2005年全国县域耕地面积呈先增加后减少态势，空间差异十分明显。

①1996～2000年，731个耕地面积有所增加的县市带动全国县市耕地面积总量增加2.70%，从其变化的空间格局来看：城镇化、工业化进程中建设用地扩张导致南方地区普遍减少；受天保工程和退耕还林工程等因素的影响，四川北部山区、陕西大部、内蒙古东北部耕地快速减少；耕地后备资源开发导致黑龙江松嫩三江平原农区、内蒙古西部农牧区、山西大部、新疆大部、苏北和南方的省际边界欠发达区耕地面积呈现不同程度的增长。

②2000～2005年，1343个耕地面积减少的县域带动全国县市耕地总量减少1.51%，其空间差异较前一阶段有所加剧：建设用地不断增长造成了南方地区耕地的持续减少；生态建设使"胡焕庸线"穿过省区（除黑龙江之外）的耕地大幅减少；耕地后备资源的大量开垦导致黑龙江大部、吉林西部、内蒙古东北部、内蒙古西部及新疆东部地区县域耕地明显增加，河南、湖南、广西的部分县市耕地面积也有小幅增长。

③1996~2005年，尽管63.79%的县市耕地面积有所减少，但县市耕地总量仍有小幅增加，年均增长0.13%。由此，该时段内我国的耕地面积快速减少主要发生在城市市辖区内。从变化的空间格局来看：耕地增加区主要分布在东北松嫩三江平原农区、辽河平原、内蒙古西部农牧区和新疆的大部，在江苏北部、河南、山西、湖南、广西也有分布；耕地减少区主要分布在除黑龙江外"胡焕庸线"穿过的省区，快速减少区相对集中分布在内蒙古中南-河北北部、陕西、四川盆地及其北部的山地丘陵区。总体而言，以"胡焕庸线"为界，我国县域耕地增减变化呈现明显的差异格局。在短期经济利益驱动下，当前县域耕地面积增加仍以北方生态脆弱区后备资源开垦为主导，其潜在的生态风险和气候威胁需引起足够重视。

2）2000~2010年

2000~2010年全国县域耕地面积普遍呈减少态势，1867个县域总计的耕地面积减幅为4.74%，略低于同期全国耕地面积的平均减少幅度（5.14%），这表明市辖区的耕地减少速度明显快于县市区域。有342个县域的耕地面积呈增加状态，合计增幅为3.18%，高增幅区主要分布在新疆东部、内蒙古西部，低增幅区主要分布大东北平原区、黄淮平原区，在南方省区也有零星分布，土地开发与土地整理工作的推进是导致该区域耕地面积有所增加的主要原因；1525个县域的耕地面积呈减少态势，合计减少了7.00%，其分布范围广泛，快速减少区主要分布在"胡焕庸线"的沿线地区，退耕还林是该区域耕地面积减少的主要动因，非农建设占用是导致耕地面积减少的重要社会经济驱动力；有379个县市耕地变化幅度较小，介于-1%和1%之间，主要分布在东北平原区、黄淮海平原区，这在一定程度上表明耕地占补平衡政策对该阶段、该区域的耕地保护可能起到了积极作用。

（2）农业劳动力变化时空特征

1）1996~2005年

1996~2005年全国县域农业劳动力呈先缓增后速减的态势，受自然条件和社会经济因素的综合影响，其变化同样具有显著的空间差异性。

①20世纪70年代中后期人口快速增长造成1996~2000年新增劳动力数量较多，全国仍有54.34%的县市农业劳动力呈增长态势，带动县市总体

增幅达1.40%。快速减少区多分布在四川盆地及川东山区、陕南-渝北山区、湖北大部、江西大部、浙江大部、江苏大部和吉林大部，以长江中下游地区为主；快速增加区主要是河南大部、黑龙江大部、内蒙古中西部、新疆大部、川西山区、安徽北部、广东内陆山区及雷州半岛，以北方地区和南方部分省际边界欠发达的山区为主。

②2000～2005年，农业富余劳动力非农转移进一步加快，有63.43%的县市农业劳动力呈净减少态势，全国县域农业劳动力总量减少8.18%。从空间分布看：农业劳动力快速减少的县市主要分布在川、黔、渝、陕大部，以及中部粮食主产区和东部沿海地区，黄淮海地区劳动力也迅速减少，总体以长江中下游和东部沿海地区为主；增加区主要分布在"胡焕庸线"以西地区，尤其是东北地区西部和新疆大部。

③1996～2005年，全国县市农业劳动力总量减少6.90%。工业化、城镇化是川东-重庆-陕南-湖北-江西-皖南-江苏等长江中下游省区和东部沿海的鲁浙闽等省劳动力非农转移的主导驱动力；而沿"胡焕庸线"带状区域及其西北地区农业劳动力转移相对滞后，甚至大部分县市农业劳动力仍呈增长态势，这主要是由于区域产业结构调整缓慢，就业吸纳能力弱，以及后备耕地资源开发产生了劳动力滞留效应。

2）2000～2010年

本时段内县域农业劳动力数量变化存在明显的空间差异：1867个县域的农业劳动力总量由2.71亿减少到2.29亿，减幅为15.53%，年均减少1.70%，略高于同期的人口城镇化率；558个县域劳动力仍呈增加状态，增加了12.06%，主要分布在"胡焕庸线"以北的西北地区和东北地区，乡村人口增长、大规模农业开发是该类区域农业劳动力数量增长的重要原因；1309个县域农业劳动力有所减少，减幅达22.35%，主要分布在"胡焕庸线"以南地区，东部沿海、长江中下游地区的减幅明显更大，外出务工就业是该类区域农业劳动力数量减少的主要原因。

（3）耕地与农业劳动力变化的时空耦合特征

劳耕弹性指数指一定时期乡村农业劳动力变化率与耕地面积变化率的比值。基于劳耕弹性系数，分耕地增加区和耕地减少区两种情形，分析各时段我国县域耕地面积与农业劳动力变化的耦合特征。

1）1996～2005年

①1996～2000年劳耕弹性系数的空间格局特征。a. 在731个耕地增加的县市，280个为农业劳动力减少的增长型县市，主要分布在苏北、浙西、湘赣粤边界、黔湘边界南部、吉林，以及内蒙古和山西的近京津县市，山地丘陵县市占77.14%；劳动力增速更缓的增长型县市有199个，主要分布在山西和内蒙古西部，山地丘陵县市占74.87%；劳动力增速快于耕地增速的衰退型县市有252个，山地丘陵县市占78.97%，主要分布在黑龙江大部、新疆和河南及云南的部分地区，并零散分布于省际边界地区。b. 在1183个耕地减少县市，农业劳动力仍在增加的衰退型县市有588个，山地丘陵县市占76.36%，主要分布在四川西部、甘肃南部、安徽北部、河南大部、广东内陆和环京津地区；148个县市劳动力减少慢于耕地减少，呈衰退型，72.30%为山地丘陵县市，主要分布在陕西大部、四川西部山区，在南方省际边境也有零星分布；447个县市劳动力减少快于耕地减少的相对良性增长型县市主要分布在四川、湖北、江西等长江中下游地区，该类型将是今后县域劳耕变化的主导类型，68.68%为山地丘陵县市，前90%的县市劳耕弹性系数的中位数为4.58。衰退型县市占县市总数的51.62%，主要分布在"胡焕庸线"附近的山地丘陵区、北方新垦农区、黄淮海农区及南方省际边界偏远欠发达的山地丘陵区；增长型县市占县市总数的48.38%，主要分布在长江中下游和东部沿海省区。

②2000～2005年劳耕弹性系数的空间格局特征。a. 在571个耕地增加县市，农业劳动力减少的增长型县市有340个，山地丘陵县市占68.62%，主要分布在广西大部、湖南中部丘陵、河南中部平原和浙江山区；农业劳动力增速更缓的增长型县市有121个，山地丘陵县市占71.90%，主要分布在黑龙江、内蒙古西部和新疆的耕地新垦区，湖南、广西、广东也有零星分布；农业劳动力增速更快的110个衰退型区域主要分布在南疆农牧区与东北松嫩平原区，79.09%为山地丘陵县市。b. 在1343个耕地减少县市，农业劳动力仍在增加的衰退型县市有469个，山地丘陵县市占77.83%，主要分布在云南大部、四川西部、甘肃南部、广东内陆、环京津地区；369个

县市劳动力减少慢于耕地减少，山地丘陵县市占76.15%，主要分布在云南中部山区、四川盆地山地丘陵区、陕西南部、山西中部和赣南山区，在南方省际边境也有零星分布；505个县市劳动力减少快于耕地减少，呈相对良性的增长型，山地丘陵县市占74.06%，主要分布在四川、贵州、湖北、安徽等长江中下游地区和山东、江苏、浙江、福建等东部沿海地区，且90%的县市劳耕弹性指数的中位数为2.97。经非参数检验发现该类型区劳耕弹性系数的数据序列与前一阶段存在显著差异，这表明在本时段耕地非农化过程中，劳动力转移效率明显下降。总体而言，本期内衰退型县市占县市总数的49.53%，主要分布在沿"胡焕庸线"带状区域、东北和新疆部分地区；增长型县市占县市总数的50.47%，多分布在长江中下游和东南沿海省区，黄淮海地区大部分县市劳动力转移迅速，也呈增长特征。

③1996～2005年劳耕弹性系数的空间格局特征。a．在692个耕地增加县市，农业劳动力减少的增长型县市有317个，山地丘陵县市占66.25%，主要分布在广西、湖南、苏北平原和浙江部分山区；农业劳动力增速更缓的增长型县市有170个，山地丘陵县市占73.53%，主要分布在辽河平原、黑龙江东部、内蒙古西部和新疆东南部；农业劳动力增速更快的205个衰退型县市主要分布在三江平原、河南东部及新疆西部地区，山地丘陵县市占79.02%。b．在1222个耕地减少县市，农业劳动力仍在增加的衰退型县市有473个，山地丘陵县市占77.59%，主要分布在云南大部、广东内陆、四川西部、甘肃南部、环京津北部和北疆部分地区；261个县市劳动力减少慢于耕地减少速度，山地丘陵县市占76.63%，主要分布在四川盆地西部山区、陕南-鄂西山区，零星分布于南方省界边境；488个县市劳动力减少速度更快，呈相对良性增长型，山地丘陵县市占74.39%，主要分布在长江中下游地区和东部沿海省区。在整个时段内，衰退型县市占县市总数的49.06%，主要分布在沿"胡焕庸线"带状区域，以及新疆和东北部分地区；增长型县市占县市总数的50.94%，主要分布在邻近我国经济发展"T"型主轴的南方地区。

2）2000～2010年

在耕地增加区，农业劳动力减少的增长型县市，主要分布在"胡焕庸线"以南，尤其在黄淮海平原地区分布较为集中；劳动力增速更缓的增长型县市分布较为零散；劳动力增速快于耕地增速的衰退型县市主要分布在新疆东部及东北地区，南方省际边界地区也有零星分布。

在耕地减少区，农业劳动力仍在增加的衰退型县市主要分布在胡焕庸线以北地区，在东北平原、南方山地丘陵区、海南也有分布；劳动力减少慢于耕地减少的衰退型县市分布较为零散；劳动力减少快于耕地减少的相对良性增长型县市主要分布在"胡焕庸线"以南的长江中下游地区。

综合各时段劳耕耦合变化的区域格局可以发现，各耦合类型的空间分布相对稳定。"胡焕庸线"可作为刻画我国耕地变化和劳动力转移区域格局之重要分界线；沿"胡焕庸线"的带状区域内大部分县市在退耕还林工程的影响下耕地快速减少，但由于该类区域多属山地丘陵区，社会经济发展相对滞后，加之退耕还林工程缺乏相应的非农就业促进措施，以致农业劳动力转移远滞后于耕地减少；后备资源开垦、劳动力转移滞后导致该线以西北的大部分地区呈现耕地和劳动力"双增加"态势，从长期来看并不利于农业规模经营和生产效率提升，且在此劳耕耦合态势下，该地区工业化、城镇化进程会进一步滞后；长江中下游和东部沿海地区延续着耕地减少且劳动力转移速度更快的态势，劳均耕地呈增长特征。黄淮海地区近年农业劳动力转移明显加快，在耕地小幅波动的情况下劳耕关系趋于协调，且渐呈增长态势；南方部分省际边界山地丘陵县市的劳动力转移滞后，衰退型特征较为明显，应引起足够重视。由此可见，我国乡村人地关系变化存在明显的区域差异性，农业现代化发展的途径和模式也应有所不同，需遵循地域规律，因地制宜、分类推进。

4 我国县域经济发展空间演变格局

（1）总体空间格局

表3-1-2列举了我国2352个县域单元1982～2010年人均GDP的全局自相关指数的估计值及相关指标。结果显示我国县域经济发展呈正的空间自相关分布。2000年以前县域经济发展水平在空间上的集聚程度相对较低；1990年以来中国县域经济发展水平的空间聚集程度有所增加，空间依赖性增强。

中国县域人均GDP的Moran's I估计值　　表3-1-2

年份	1982	1990	2000	2010
Moran's I	0.143	0.076	0.201	0.359
E（I）	−0.0004	−0.0004	−0.0004	−0.0004
Z（I）	13.572	16.605	11.877	10.429

（2）局域空间格局

由4个年份中国各县域单元人均GDP的LISA估计值的统计结果及空间可视化图可知：县域经济发展格局具有明显的动态特点（表3-1-3）。具体而言，1982年经济发展水平呈"高-高"集聚格局的县域主要分布于江苏东南部、辽宁南部、内蒙古及新疆西北部地区，而"低-低"格局的县域集中于云南、贵州、四川、宁夏等地区；到1990年，除东部沿海、内蒙古西北部、新疆西北部地区的经济发展水平呈"高-高"格局外，内蒙古东北部呼伦贝尔和满洲里地区的经济发展水平亦呈"高-高"格局分布。与1982年相比，中国1990年经济发展水平呈"高-高"集聚格局的县域单元增加到85个，约占全国县域单元3.61%；而"低-低"经济发展格局向西南向延伸，其数量显著增加（约占19.6%），主要集中于西藏、云南、贵州等西部地区；到2000年，高、低经济发展水平的县域单元显著有所增加，"高-高"和"低-低"格局的县域单元约分别占全国的6.85%和20.28%，前者向东南沿海、京津冀地区集聚，而后者聚集于中部、西南部及新疆西部地区。与2000年相比，2010年经济发展水平呈"高-高"格局的县域单元有所减少，而"低-低"格局的县域单元继续增加，前者集中于甘肃西北部、青海北部、江苏东南部、山东东北部等地区（约占6.59%），而后者分布于新疆西南部、陕西南部、云南西部、四川、西藏等地区（约占21.09%）。总体而言，中国经济发展同质县域单元（"高-高"和"低-低"空间正相关）的比重从19.56%（1982年）增加到27.68%（2010年），而异质县域单元（"高-低"和"低-高"）的比重由3.06%（1982年）减少到2.55%（2010年），进一步表明了中国区域经济发展的不平衡性，极化效应作用明显增强。

中国1982、1990、2000、2010年县域人均GDP局域空间集聚统计

表3-1-3

LISA集聚	1982		1990		2000		2010	
	个数	比重（%）	个数	比重（%）	个数	比重（%）	个数	比重（%）
显著性局域空间集聚格局（$p \leq 0.05$）								
高–高	60	2.551	85	3.614	161	6.8452	155	6.590
低–低	400	17.007	461	19.600	477	20.281	496	21.088
低–高	47	1.998	53	2.253	33	1.4031	33	1.403
高–低	25	1.063	42	1.786	28	1.1905	27	1.148
非显著性局域空间集聚格局（$p > 0.05$）								
县域单元	1820	77.381	1711	72.747	1653	70.281	1641	69.770
总计	2352	100	2352	100	2352	100	2352	100

4个研究年份中江苏常熟市、昆山市、武进县、无锡县、丹徒县和太仓县等9个县域单元的经济发展水平均呈"高–高"集聚格局；43个县域单元在4个研究年份中保持相对较低的经济发展水平，在空间上呈"低–低"分布格局，主要集聚于广西（北部、西部、西北部）、甘肃（南部）、湖南（西部）、江西（西南部）、宁夏（南部）、陕西（南部）、四川（南部、东南部）、西藏（西部）、云南和贵州等地区。总体而言，随时间推移，中国县域经济发展水平较快的地区逐渐向东部沿海、京津冀、长三角和珠三角等地区集聚，而经济发展相对较慢的地区逐渐向中国西部及西南部地区聚集。这种空间格局的演变可能与中国的区域条件、资源禀赋和国家政策有关。

（3）经济增长空间格局

基于1982～1990年（时段1）、1990～2000年（时段2）和2000～2010年（时段3）3个时段的中国县域人均GDP增长指数，采用空间关联技术探讨中国县域经济增长的时空演变格局。结果显示，3个时段中国县域经济增长自相关指数呈下降趋势，Z值检验在阶段2不显著（$p = 0.16$），表明该时段内县域经济增长的空间自相关不明显。时段1内经济增长的自相关指数值为0.122，说明相邻的地区县域经济增长呈弱空间正相关性；该时段内经

济增长呈"高-高"集聚的县域单元有85个，约占3.61%，主要分布于安徽东南部和西北部、内蒙古西北部和西部、山西省中部和北京市等地区；时段2内经济增长呈"高-高"格局的县域单元显著减少（仅占0.13%），分布于黑河市、鹤岗市和嫩江县；时段3内经济增长呈"高-高"格局的县域单元显著增加到77个（约占3.1%），主要分布于内蒙古西部及南部、陕西省北部、青海省北部、湖北省东南部、江苏省南部及江西省中部等地区。从经济增长缓慢的空间分布格局来看，时段1内中国中南部、西藏和黑龙江省等地区县域经济增长呈"低-低"集聚格局（约占11.24%）；与前一时段相比，时段2内经济增长呈"低-低"格局的县域整体北移且数量有所增加，分布于中国西北部、中南部及中北部等地区（约占15.60%）；时段3内经济增长呈"低-低"集聚格局的县域零星分布于中国东部、东南部及四川、甘肃、青海三省的交界处，约占13.86%。可见，中国县域经济增长表现出异质性的县域单元约占全国的78.44%~81.97%，而经济增长具同质性的县域单元约占20%，说明过去30年来中国县域经济增长具有异质性。

（二）中国村镇建设与农村发展存在的问题

村镇建设牵涉到国家、集体和个人利益，是关乎国计民生的大事。然而，长期以来我国没有对村镇建设和管理给予足够的重视，导致农村空心化、村镇弱化等一系列问题，严重影响国家重大战略实施和城乡可持续发展。我国村镇建设与农村发展存在以下几个方面的问题（表3-1-5）。

1 村镇建设法律滞后，规划管理薄弱，公众参与不够

村镇建设法律体系不健全。当前有关村镇规划建设管理的法律立法工作明显滞后于农村经济社会发展，尽管国务院于1993年颁布实施了《村庄和集镇规划建设管理条例》，但其中部分规定亟须完善，特别是有关村镇规划建筑管理、村镇规划设计规范、乡村居民点布局和住宅政策领域，亟待加强和完善。农村土地用途空间管制缺乏法律保障，村镇边界肆意蔓延，公共服务设施短缺，环境保护措施空白，村镇建筑设计规范缺失，居民点

布局缺乏合理引导，农村群体性违法现象突出。2014年10月，中共中央做出了《关于全面推进依法治国若干重大问题的决定》，要求国家的政治、经济运作、社会各方面的活动统统依照法律进行，而不受任何个人意志的干预、阻碍或破坏。应以此为契机，研究建立健全我国村镇建设管理的法律法规体系，使村镇建设管理有法可依。

村镇建设管理薄弱。村镇建设是城乡建设的一个有机组成部分，但长期以来我国只重视城市建设规划管理，而忽略了村镇建设规划管理（李兵弟，2009）。在行政管理体制上，村镇建设没有同城市和城镇规划体系有机地结合在一起统一规划，基本上处于无政府主义状态，村镇建设随意性较大，即使部分地区编制了规划，但规划的约束性不强，未能得到很好的执行。当前村镇基础设施不完善、公共服务设施不配套、生活环境脏乱差等问题，都是由于村庄建设规划管理薄弱所造成的。村镇建设规划滞后，也导致村镇私搭乱建、布局散、规模小、建设乱的问题突出，阻碍了土地集约利用和农业规模发展。我国村镇数量大、分布广、类型多，随着我国经济社会快速发展，原有的村镇格局已经不能适应村镇发展趋势，亟须建立城乡建设一体化规划体系，构建城乡互动协调的村镇建设新格局。

村镇建设的财政支持不足。始于1994年的分税制改革对地方政府职能行使产生了一定的扭曲：事权划分不合理导致地方政府缺位与越位，税权划分不合理使得地方政府重企业生产，轻民生和基本公共服务，对非税收入的依赖使得地方政府干预经济运行现象严重（郭庆旺，吕冰洋，2014）。分税制之后的一系列财税体制改革使得中央与地方之间的财权和事权得以重新调整，但调整存在矫枉过正的现象，地方财政收入空间被挤压，而支出压力不断增大。首先，农村税费改革取消了乡统筹费，多数乡镇税源流失，乡镇预算外资金收入大大减少（中国乡镇发展报告课题组，2014）。这使得一般乡镇财政收入受到很大影响，财政功能日益弱化，加上镇一级没有独立财权，政权运行和各项社会发展项目所需经费基本上完全依赖于县财政。而大多数县级财政也较为紧张，特别是中西部地区县级配套能力严重不足，直接影响了村镇建设项目的落实（温会毅，2013）。其次，不少乡镇还未制定切实可行的财务管理办法，有些乡镇虽然订立了管理办法，

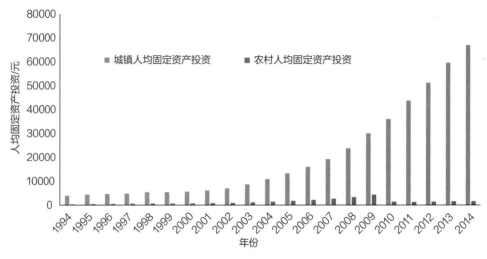

图3-1-7　1994年以来我国城镇与农村人均固定资产投资变化

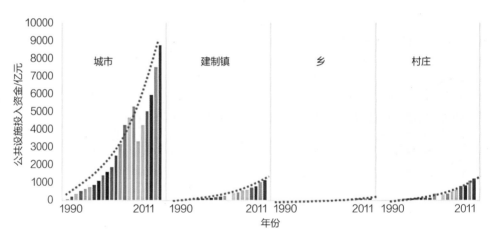

图3-1-8　1990~2011年我国城市、建制镇、乡及村庄公共设施资金投入变化

但形同虚设，因此，资金使用随意性较大，乱支滥用现象时有发生。再者，2013年，全国乡镇政府普遍呈现负债现象，总债务约达4760亿元，平均每个乡镇政府负债约2550万元，还债压力较大。因此，村镇建设资金的缺乏及利用、规划、管理的不当，成为村镇建设面临的重要难题（图3-1-7和图3-1-8）。

乡村公共基础设施和农业生产设施落后。长期"重城轻乡"的制度设计使得农村公共基础设施建设欠账太多，生产生活设施差，农村群众行路难、饮水难、看病难、环境脏乱差、公共事业设施落后等现象十分突出。

当前，全国仅有50.5%左右的村庄进行垃圾集中处理，而进行污水集中处理的村庄更少，只占全部村庄的11%。近些年有些村镇陆续兴建了农村学校、卫生院、村级道路、农业水利设施、生活污水处理工程、村务大楼、村活动中心等农村公共基础设施，在一定程度上促进了农村经济社会的发展和农民生活质量的提高。但却存在"重建设、轻管理"的问题，在建设项目兴建时，各级各部门往往都比较重视，但建成后由于管理过程繁杂、维修费用高等，管护工作逐渐被忽视。例如在农业综合开发项目建设中，投入了大量的人力、财力建成的渠系工程，没有几年有些就已损坏严重，特别是一些小型农业水利工程，存在着有人使用，无人管理，泵站、灌溉设施丢失被盗现象时有发生。一些地方新建的饮用水水源工程，由于管理制度不落实，存在着平时用水浪费，干旱时饮用水仍然紧缺的现象（俞桂海，2009）。

农民参与程度不高。农民是村镇建设的直接受益者，也应是村镇建设的主体。由于对农民的普法教育和政策宣传不到位，导致农民参与营造自身生活环境的村镇建设管理的积极性不高，他们往往只关注自家住房院落的建设，而对公共区域和公共设施的建设维护漠不关心。在法律约束、规划引导的前提下，应充分调动农民参与村镇建设管理的积极性和主动性。

2 人口快速非农化，农村空心化加剧，人地关系失衡

改革开放30多年来，我国城镇化进程不断加快，城镇化水平不断提高。1978～2015年城市化率从17.92%增加到56.19%，年均增长1%。目前我国正处于城镇化大跃进的阶段，城镇化冲动极其强烈，2015年我国常住人口城镇化率达56.19%，户籍人口城镇化率仅占39.9%，正处在城镇化发展规律S曲线30%～70%的加速期。城镇化不仅是农村人口地理移动和职业转移的过程，而且必然涉及城乡要素的流动、城乡资源的重组和城乡关系的重构。城镇化进程过快导致土地利用粗放低效，农民工难以市民化，农村空心化加速发展，人地关系失衡。具体体现在以下几个方面：

（1）土地利用粗放低效

土地过度依赖型的快速城镇化，带来了城镇建设、交通、工商业等各类用地不同程度的快速增长，土地城镇化快于人口城镇化。快速城镇化进

程中城市空间利用呈现低密度、分散化的倾向，建设用地规模扩张，建设用地利用低效粗放，等级结构不合理，投资开发强度低，导致城市土地闲置和粗放利用的问题十分突出，威胁到国家粮食安全和生态安全。

（2）农民工市民化滞后，流动农民工两栖占地

快速城镇化显著改变了乡村系统，农村人口的流动性明显增强，大量农村人口进城，一些自然村落人口大幅度减少，甚至消亡。我国的城乡土地在取得、使用、收益、处置等权能设置和管理制度不同，现阶段农村土地权属尚不明晰，土地资产化和资本化属性无法实现，不仅导致农村土地利用粗放，而且制约了农民工市民化进程。因此，以人为本促进农民工市民化是推进新型城镇化战略的关键。国家统计局抽样调查显示，2008～2015年全国农民工数量从2.25亿增加到2.77亿人，年均增长2.63%，其中以外出农民工为主，外出农民工从2008年的1.4亿增加到2015年的1.68亿（表3-1-4）。现阶段，中国亿万农民"背井离乡"，正经历着由"普通农民→流动就业的农民工→新市民"的身份转变。然而，在这个大批农民加速非农化、市民化的进程中，农民工成为既非传统意义上的农村居民，也非传统意义上的城镇居民，这类特殊群体在城市生活面临收入无保障、居住条件恶劣、社会保障缺失等诸多问题，而回到农村生活、生产又不现实、不愿意，最终成为"城乡双漂"的弱势群体。2013年《全国农民工监测调查报告》显示，我国农民工养老、医疗、生育、失业等社会保险覆盖率均不足20%（图3-1-9）。

2008～2015年全国农民工规模（单位：万人） 表3-1-4

指标	2008	2009	2010	2011	2012	2013	2014	2015
农民工总量	22542	22978	24223	25278	26261	26894	27395	27747
1. 外出农民工	14041	14533	15335	15863	16336	16610	16821	16884
（1）住户中外出	11182	11567	12264	12584	12961	13085	—	—
（2）举家外出	2859	2966	3071	3279	3375	3525	—	—
2. 本地农民工	8501	8445	8888	9415	9925	10284	10574	10863

资料来源：《2015年全国农民工监测调查报告》。

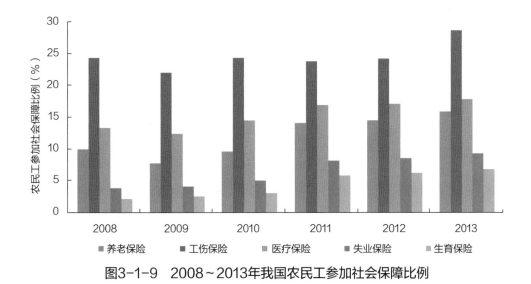

图3-1-9　2008～2013年我国农民工参加社会保障比例

（3）农村留守人口问题突出，面临的心理、生理和健康问题日渐显现

受城乡二元社会经济结构和与户籍制度的影响，上亿农民工只能"城乡两栖、往返流动"，并衍生出庞大的农村留守人口群体，目前农村留守人口规模日渐扩大，引起的各种问题备受社会关注。2008年中国农业大学调查数据显示，我国农村留守人口8700万人，其中留守儿童约2000多万人，留守老人2000万人，留守妇女约4700万人。全国妇联最新调查显示（2014），我国农村留守儿童数量超过6100万，约占全国儿童21.88%，总体规模扩大。留守人口生理、心理和身体健康问题甚是堪忧。"三留人口"难以支撑现代农业与新农村建设。

（4）农村空心化加剧发展，人地关系失衡

我国大部分农村地区在城乡转型发展进程中人口非农化引起"人走屋空"，以及宅基地普遍"建新不拆旧"，新建住宅向外围扩展，导致村庄用地规模扩大、原宅基地闲置废弃加剧。改革开放以来，我国农村人口的快速非农化转移带来了农村常住人口逐渐减少，农村经济快速发展和农民收入水平提高促使农村住宅的空间不仅发生巨大变化，农村居民点"外扩内空"现象日益凸显。受城乡二元体制影响，加之多数农村地区缺乏合理规划，宅基地管理基本上处于无序状态，"一户多宅"现象普遍，导致农村居民点用地不减反增。据统计，我国乡村常住人口和农业户籍人口数量分别于1996和2001年进入快速减少时期，而1996年以来农村居民点用地以年均0.12%的速度增长（图3-1-10）。我国北方和东部沿海地区农村"人减地增"问题尤为突出。农村人口减少未与农村居民点用地缩减挂钩，农村人均居住用地不断增加，"两栖"占地，农村空心化严重。统计数据显示，河南省仅空心村闲置的土地至少有250万亩，在3~5年内开展空心村专项整治可以复垦出150万亩耕地（付标，2004）；在我国东部传统农区，如山东省禹城市的农村废弃宅基地和土地综合整治潜力在40%左右，可净增耕地13%~15%（刘彦随，2009）。近年来，由于我国城乡二元结构体制并未根本改变，城乡利益冲突与农民工就业压力尚未根本缓解，农村空心化呈逐步加剧态势，不仅造成土地资源的严重浪费，也对农村生态环境带来不利影响。近年来，大量农村劳动力转移不仅导致人口空心化，还产生一系列连锁反应，如农业产业人才流失、留守群体社会救助缺失、乡村文化发展后继乏人等，表现为人口、土地、技术、产业、服务、文化和公共设施整体空心化，一些农村陷入整体性衰败与凋敝，给乡村治理带来严峻挑战。据测算，全国空心村综合整治潜力达1.14亿亩，村庄空废化仍呈加剧的态势。农村空心化加剧，对农村经济、公共服务、文化及社会秩序等带来一系列挑战，影响到我国社会主义新农村和美丽乡村的建设，制约了农村经济社会的可持续发展。

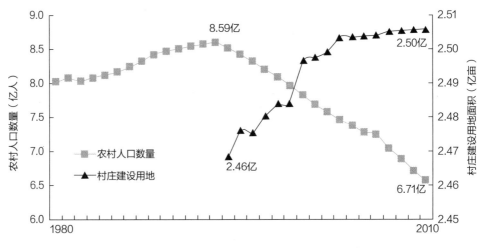

图3-1-10　我国农村人口数量与村庄建设用地变化

3 耕地面积减少、利用粗放，粮食安全面临严峻挑战

受自然资源禀赋、地理区位、历史基础、经济发展水平等因素的影响，我国人口分布、城市群分布等地域空间格局极具不平衡性。突出表现为我国优质耕地与人口分布、城市聚集区在空间上高度重叠。据统计，我国83个50万人口以上的大中城市中，有73个分布在全国52个优质耕地连片区，100万人口以上的城市则全部都坐落在这些优质耕地连片区域，即我国最强劲的经济发展区域与亟须保护的集中连片优质耕地分布区域在空间上大致重合。

土地快速非农化，导致耕地面积持续减少。快速工业化和城镇化进程中乡村土地非农化和非粮化致使耕地大量减少，尤以黄淮海、东南沿海和长江中下游地区较为明显。耕地减少突出表现在两个方面，一是农业内部结构调整的逐利性导致耕地向果园、畜牧业和水产养殖等用途转变；二是由于土地的城市和工业利用经济收益高于农地，导致农地向城市、工业用地转移。据统计，1981～2012年我国城市建成区面积从7438平方公里扩展到45600平方公里，年增长5.83%。建设用地增加很大程度上源于占用耕地。为保障粮食安全，我国实施了最严格的耕地保护制度和耕地占补平衡政策，通过土地开发、整理和复垦基本实现了耕地占补数量上的平衡，但未能在质上得以平衡。

粮食安全是关系到我国国民经济发展、社会稳定和国家自立的全局性战略问题。快速城镇化进程中建成区扩展和非农建设用地增加导致粮食播种面积减少，农村劳动力数量减少和素质下降，农业劳动力老龄化和妇女化趋势愈发明显，农民种粮积极性下降，对国家粮食生产乃至粮食安全构成威胁（张永恩等，2009；樊琦和祁华清，2014；陈欣和吴佩林，2015）。具体表现在：

（1）城镇化对土地资源有着刚性需求，以地为本的城镇化大量占用土地，对耕地的数量和质量带来双重影响。农村劳动力大量涌入城市，造成农业生产劳动力结构性短缺；农村人口空心化导致农地撂荒、闲置浪费现象日益凸显，农村居民点无序扩张、侵占耕地严重，农地非农化、非粮化

趋势正在加速。城镇化占用大量优质耕地，耕地"非粮化"、"非农化"直接导致耕地面积减少，危及粮食安全（张永恩等，2009）。

（2）耕地质量退化严重，耕地产能下降，影响粮食产量和质量。《全国耕地质量等级情况公报》（2014）指出，我国耕地退化面积占耕地总面积的40%以上，东北黑土层变薄，南方土壤酸化，华北平原耕层变浅等问题；土壤有机质含量下降，特别是一些补偿耕地质量等级较低，严重影响耕地产能，对我国粮食安全造成严重威胁。

（3）经济发展步入新常态，制约农民增收的老问题、新矛盾更加突出。新常态背景下，受经济增长速度和发展方式的影响，农业发展的外部环境、内部条件发生改变。尽管我国粮食产量"十一连增"，但其过度开发农业资源、大量使用化肥、农药、农膜等化学投入，对农村环境带来前所未有的压力。有关统计表明，我国耕地面积不足全世界一成，却使用了全世界4成的化肥，单位耕地面积农药使用量是世界平均水平的2.5倍。农药的过度使用，对水体和土壤埋下了污染隐患，影响农产品的质量和产量，粗放型粮食生产难以为继。同时，受成本"地板"和价格"天花板"的双重挤压，普通农户种粮收益有限，农民种粮意愿下降，粮食自给率开始下降，耕地和水资源日趋紧张，成为制约粮食生产的重要因素。

（4）农业劳动力老龄化和妇女化，影响现代农业发展。由于青壮年劳动力的大量外流，农村劳动力老龄化的速度大大快于城市，致使农业劳动力老龄化更为严重。据有关部门对2749个村庄的调查显示，75%的村庄已无青壮年劳动力转移。第二次全国农业普查显示，51岁以上农业从业人口比重已占到32.5%，比第一次农业普查时增长了4.39个百分点。按国际劳工组织的划分，一个国家或地区45岁以上劳动力占总劳动比重在15%以上为老年型，目前，我国是典型的老年农业。大批老年人从事农业生产，将为粮食安全埋下隐患。首先，老年劳动力文化程度较低，接受新知识、新技术的能力比较弱，不利于现代农业科技的推广和普及。其次，老年劳动力由于体能的下降，无法承担繁重的农业劳动，会导致农业生产率降低，甚至造成粗放经营。再次，农业人口老龄化势必引起赡养比重提高，农民个人生活负担加重，农业投资相对缩小。农业劳动力老龄化的日益严重，会动摇农业这个国民经济的基础。

（5）快速城镇化影响粮食主产区的生产结构，粮食生产重心北移，主销区粮食自给率下降。我国从南粮北调变成北粮南运，虽为华东和华南沿海地区实现工业化腾出了发展空间，这种现象短期内实现了土地资源优化配置，但长期来看，北方缺水将导致水资源与耕地资源在空间分布上不匹配，限制未来北方粮食生产的发展空间（齐援军和蓝海涛，2006）。

（6）农业比较收益低，农民种粮意愿不足，粮食结构短缺。城乡收入差距是农村劳动力大规模流向城市的动力，农业相对工业比较收益低，农民种粮意愿不足，农田抛荒、季节性闲置、非粮化影响粮食安全；同时农民逐渐倾向于种植用工少收益高的作物，品种结构性矛盾加剧，粮食呈现结构型安全。我国中西部内陆水稻种植主产区，存在大量"双季稻"变"单季稻"、农田季节性闲置或永久性种树以及变相撂荒和农转林现象突出（冷智花和付畅俭，2014）。

总之，我国农村劳动力大量转移，务农劳动力素质结构性下降，农业兼业化、农民老龄化、农村空心化等问题突出，粮食生产面临发展动力不足，面临"谁来种地"、"如何种地"及"谁来养活中国"的现实问题。

4　土地征用催生失地农民，农民权益保障机制不健全

土地征用过程中失地农民保障机制不健全，权益受损。城镇化过程中大量农村集体土地被征用，农民失去了赖以生存的土地，形成新时期新兴的特殊群体——失地农民。中国社科院发布的《2011年中国城市发展报告》指出，我国失地农民总数达4000万~5000万人，且每年新增300多万人，预计到2030年失地农民将增至1.1亿人。随之而来的就业难、补偿低、社保不健全等成为城镇化过程中困扰失地农民的突出问题（刘彦随，2010）。失地农民是当前我国统筹城乡发展和新农村建设中根本性的社会难题。随着我国城镇化发展格局的快速演变，失地农民问题正在由东部沿海地区向中西部地区转移，特别是一些平原农区，人多地少，城区扩展直接带来"城进田退"，在此过程中，农民的合法权益保障问题尤其值得关注。大规模、长距离、候鸟式的人口流动，一定程度上反映了我国土地制

度、就业制度安排的不足。由于土地产权不明晰，土地收益分配不明确，致使土地征用补偿的标准低、难到位，农民难以获得土地市场增值收益。现行关于失地农民就业、医疗、养老保险、最低生活保障等制度尚未健全，城镇化成果难以真正惠及农民（刘彦随等，2009）。没有基本的生活保障，将可能会诱发严重的社会冲突，加剧社会的贫富分化。据统计，近期因征地引发的社会矛盾与群体性事件数量急剧上升，全国各地土地上访案件中70%以因征地引发。

失地也是返乡农民工面临的一大现实难题，农民工返乡无地可耕。部分外出农民工返乡后失业又失地进退两难。农民工自己放弃土地和城镇化建设过程中土地被征用是农民工失地的主因。一方面，农业税取消前，部分农民工认为种地不合算，为免交农业税，农民私自放弃土地外出打工，造成私弃耕地无人承包的现象，有的时间长达10年以上，致使村里将抛荒土地重新调整给当地农民和移民。另一方面城镇化过程中建设用地逐年增加，加重农民工失地问题。土地逐渐被征用，进行非农建设，加剧了返乡农民工失地问题。

5 农民增收动力不足，农民工返乡创业就业困难较多

农村经济发展滞后，农民增收困难。我国是农业大国，农村地区范围广泛，"三农"问题的核心是农民问题，不断增加农民收入、缩小城乡收入差距是解决三农问题的关键，但目前农民增收动力不足。一是农业劳动生产率和农产品加工转化率较低，农民收入增长减缓。长期以来，为了解决温饱问题，我国农业生产主要追求产量增长，农业发展以粗放经营为主，劳动生产率低。农产品加工、流通等环节的增值收益主要集中在城市，农村养殖转化率低，农业产业化链短。改革开放以来，农业劳动生产率虽有所提高，农村养殖业和农产品加工业虽然有所发展，但仍没从根本上改变农业劳动生产率和农产品加工转化率过低的局面，在农产品供求关系实现基本平衡后农民收入的增长必然放慢。二是农民收入来源日趋多样化，农民收入不再单纯取决于农业生产。三是市场疲软给农民收入较快提高增添了新的压力。四是农业结构不尽合理影响农民收入的提高。农民收入增幅

减缓，使农村市场开拓受到限制。农民收入增长动力不足会导致城乡差距和工农差别进一步拉大。农民收入增长幅度回落，农业和农村现代化进程受阻。由于农民收入增幅回落，农民会把绝大部分收入用于生活消费，农民生产积极性受影响，农村家庭经营费用支出明显也呈下降趋势，农业发展动力削弱，严重影响到农业和农村现代化进程。如果不采取正确有效的政策措施，农民收入增长滞缓将很可能会持续一个较长时期，对国民经济发展构成更加明显的不利影响。

部分返乡农民工无地可耕，易引起矛盾纠纷，乃至群体性事件，影响社会稳定。农民工，是我国在特殊历史时期出现的一个特殊的社会群体。始于20世纪80年代初，为了适应当时我国社会生产力发展的需要，使本来只许从事农业劳动的农民可以从事非农业生产。"离土不离乡，进厂不进城"，是建设有中国特色社会主义的一种创造，是解决大城市病的有益探索。20世纪80年代中期，经济体制改革扩展到城市，因二、三产业发展的需要，"进厂又进城，离土又离乡"，大量出现农民工。90年代以后，农民工问题逐渐显现，直接影响工农、城乡关系，影响经济持续健康的发展，影响到社会安定的大局。近年来，由于我国外贸形势严峻，加之金融危机和欧债危机的影响，出口订单减少，外贸加工企业就业的农民工出现失业；同时由于我国经济处于调结构、稳增长的新常态时期，出现一些结构性失业。特别是2008年下半年以来，随着国内外经济形势的变化，我国农民工流动出现异动状态，虽然农民工返乡创业对推进新农村建设、缩小城乡差距、转移农村剩余劳动力就业和农民增收、推进农村生产方式的转变具有重要意义，但由于农民工受教育程度低、国家政策支持不足和政府部门重视不够，返乡农民工给当地社会治安、人口管理等方面带来前所未有的压力。更为重要的是受国家种粮补贴支持、土地升值由"包袱变财富"、土地征用补偿金额加大等利益驱动，农民工返乡后，要求收回原承包土地，由于土地流转不规范，易与现承包人发生矛盾，引发毁损青苗、打架斗殴等事件，严重时还可能引发群体性事件。

受返乡农民工基本素质、创业思维、资金和政策保障等诸多因素的影响，目前返乡农民工创业就业面临诸多挑战。一是返乡农民工受教育程度偏低。创业有风险，返乡农民工必须具备一些基本的素质和能力。现实中，返乡创业农民工文化素质普遍偏低，专业素质差，虽创业愿望较强、学习积极性较高，但限于自身文化素质，对国家惠农政策、如何选择创业项目、制定创业计划及规避创业风险等难以理解和掌握，难以获取识别有效的创业和市场变动等信息，规避风险能力差，导致创业风险较高，从而影响创业实施。新生代农民工辍学后离乡进城务工，从事非农职业，但返乡后面临新的就业压力，加之对农业缺乏了解和实际操作经验，难以获得基本生存保障。二是创业思维缺乏，创业成功率低。由于我国传统农业经历时间长，现阶段一些返乡农民工还不同程度地存在自给自足的小农意识，封闭保守，小富即安，不愿创业。据国务院发展研究中心对全国20个省19000余份返乡农民工创业问卷调查发现，全国有67%返乡青年农民工有创业的想法，但最后落实创业的仅占2.7%。三是缺乏资金支持。贷款资金困难重重，民间借贷数量小且成本高，农村种植、养殖合作社及一些小微企业政策支持有限，商业借贷手续复杂，门槛较高，增加了农民工创业融资的难度。四是相关政策保障配套不完备。一些地方政府对农民工返乡就业问题缺乏重视，部分农民工由于外出务工，将自己的土地转与他人耕种，甚至错过新的土地承包机会，返乡后面临"土地流转"的风险，政府对相关问题缺乏法律保护措施。为了支持农民工返乡，2015年6月国家出台了《关于支持农民工等人员返乡创业的意见》，提出一系列鼓励农民工返乡创业的支持措施，更坚定了不少农民工回乡创业的信心。

6 城乡转型进程中农村发展乏力的状况尚未根本改变

城乡居民收入和消费水平差距明显存在，农民生产积极性受挫。由于过去我国快速城镇化发展很大程度上以牺牲农村为代价，遵循"先发展城市，再带动农村"的片面思想，导致城进村退，城荣村衰，城乡（或收入）差距持续拉大。近年来，随着城镇化进程的加快，我国城乡居民的物质生活差距虽然呈现减少势头，但是城乡居民收入差距仍然较大。2012年我国城市居民人均可支配收入是农村居民家庭人均纯收入的3.1倍。城乡收入差距过大，不利于农村经济发展，影响农民生产积极性，形成马太效应，富者越富、贫者越贫。

农村投资和消费在国民经济中呈萎缩状态，农村经济乏力、发展动力不足。快速城镇化还使我国的农业基础更加薄弱，农村社会事业落后状况没有根本性改变，农村内部和区域发展的不平衡问题十分突出。一直以来我国试图改变经济增长对出口的依赖，目前依赖出口的经济增长方式尚未根本性转变。农村固定资产投资和消费品零售额在全社会中比重呈现萎缩态势，消费未成为拉动我国农村经济增长的主要动力。

农业基础薄弱和农村社会事业严重落后。农业基础地位在发达地区有所动摇，城镇化水平相对较高的地区，如珠三角、长三角地区农产品自给率偏低，且政府对农业投入偏少。农业基础设施建设困难重重。农田水利设施年久失修现象严重，抗御自然灾害能力弱。政府对农业的一般服务严重弱化，农业推广体系"网破、人散、线断"，道路交通不完善和水、电、通信网络不健全，农村生产经营模式落后，表现为生产力落后和农业结构单一、农村市场不发达、乡镇企业发展滞后和对外开放程度较低。近年来，我国政府统筹城乡发展，大力改变农村社会事业严重落后的情况，但是城乡社会事业发展的非均衡性没有实质性的改变，特别是农村教育优质资源分配少，政府提供的农村卫生服务水平低，农村文化发展缺失。农村教育整体薄弱的状况尚未根本改变。部分地区教育水平偏低、基础不稳，不少地方存在学生因贫辍学、拖欠教师工资、学校危房年久失修、公用经费短缺等突出问题。同时，农村职业教育、农村教育办学体制、运行机制以及教学内容与方法等，也存在与农村经济和社会发展不相适应的状况。

农村医疗和社会保障体制不健全。农村公共卫生和预防保健工作薄弱，广大农民缺乏基本医疗保障。很多地区乡村卫生服务机构设施条件差，医疗卫生人员素质不高等问题突出，农民陷入看病难和吃药贵的困境，贫困地区农民因病致残、因病返贫的问题时有发生。某些地方血吸虫病、艾滋病等疾病已经十分严重。农村地区的社会保障制度不健全。

7　农村环境污染严重，治理难度增大，健康问题突出

农村环境污染源呈多样化发展态势。随着社会经济的转型、区域要素

重组与产业重构，特别是乡村要素非农化带来的资源损耗、环境污染、人居环境质量恶化等问题日益凸显，农村发展具有不可持续性。突出表现为点源污染与面源污染共存、生活污染与工业污染叠加、城市和工业污染加速向农村转移。随城市环境保护日益受到重视，城市控制污染力度得以逐步加强，产业结构升级改造速度逐渐加快，但其中大部分的是以城市污染产业、城市垃圾和工业三废逐步向农村转移为代价，同时，城市产业结构退二进三，污染也随之转移到广大农村。区域分异上，由于经济发展存在东中西部梯度发展格局，东部地区淘汰的重污染企业纷纷迁到中西部农村，出现东污西进现象，加剧了农村环境污染，农民是最大的受害群体。

农村水土环境污染严重、污染面广，严重威胁着人体健康甚至生命。《全国污染源普查》（2010）结果显示，全国农村污染物排放量约占全国总量的50%。到2013年我国农村垃圾集中处理率仅占50.6%，近一半农村地区垃圾自然堆放，造成垃圾围村。据环保部测算，全国农村每年产生生活污水约90亿吨，生活垃圾约2.8亿吨，人粪约2.6亿吨，其中大部分未经处理随意排放，导致村镇环境质量下降。农村污水处理率低，全国近88%的生活污水未经集中处理随意排放，污水横流现象普遍，农村饮用水安全问题令人担忧。据统计，我国目前约有1.7亿农村人口存在饮用水安全问题，农村饮水安全集中供水率仅为73%，尚有20%多的农村靠山塘水窖吃水，饮水标准低。不安全饮用水的社会危害性不言而喻，轻则给公众带来健康隐患，造成公众身体的损伤，重则可能导致公众生命的陨落。在土壤污染方面，《全国土壤污染状况调查公报》数据显示，全国土壤环境质量总体不容乐观，部分地区土壤污染较重，耕地土壤环境质量堪忧，工矿业废弃土壤环境问题突出；全国受污染的耕地约1.5亿亩，固体废弃物堆存占地和毁田约200万亩；南方土壤污染重于北方，长三角、珠三角、东北老工业基地等部分地区土壤污染问题较为突出，西南、中南地区土壤重金属超标范围较大，镉、汞、砷、铅4种无机污染物含量分布呈现从西北到东南、从东北到西南方向逐渐升高的态势。我国每年化肥和农药施用量分别达4700万吨和130万吨，利用效率仅为30%左右，施用强度高、流失量大，耕地和地下水受大面积污染。随着农村经济的发展，农村空气质量也受到威胁，特别是在乡镇企业较为发达的地区。农村环境污染影响农产品质量、威胁生态环境安全、危及百姓健康甚至生命，一方水土难养一方人。据统计，截止至2011年底我国累积"癌症村"总数为351个，1980年以来"癌症村"个数持续增加，重心自东北向西南移动；2000年以来"癌症村"呈聚集型分布，东部多于中部和西部（龚胜生和张涛，2013）。淮河流域沿河、近水区癌症高发，其与劣质水体密切相关（Yang and Zhuang，2014）。

我国农村环境污染问题长期，治理难度不断加大。具体表现在：①农村生产方式的转变。改革开放以来，农村环境问题产生的原因已由人口压力转变为农业生产方式、农村人口结构和农村产业发展和转型。突出表现为农村规模的迅速扩大，特别是畜牧业规模扩大，导致畜禽粪便排放量增加，直接加剧环境污染。农村现代化进程中工业优先增长和依托工业的现代化农业快速发展以使农村产业结构发生显著变化，原本可自然消纳的生活污染因超出环境自净能力成害。农业生产方式的转变引起化肥使用量增加，化肥和农药过量使用、低效利用导致农村面源污染加剧。②农村人口聚集和消费结构改变导致农村环境问题凸显。传统的农村分散居住，村庄规模较小，大多属于"自给自足"型，污染物数量少且组成简单，生活垃圾和生活污水中有害成分少，能够通过农村生态系统自净；随着农村社区化的发展，污染物排放量增大、有害成分增多，污染物累积超过农村生态系统的自净能力。③城乡发展不平衡造成农村环境恶化。长期以来，我国环境污染防治投资重在城市，而城市污染向农村扩散，农村地区在环境治理方面很少得到国家财政支持；农村基础设施建设明显滞后于城市，大多数农村地区垃圾、污水处理能力严重不足。④对农村环境污染治理扶持力度不够，农村环境治理的市场化机制不完善，农村环境污染治理效率低下。农村环境治理多采取项目式治理，受制于资金和时间的限制，且治理过程中缺少农民公众参与，难以根本解决农村环境问题（王晓毅，2014）。此外，一些地区农村环境的"三无"（无人管、无法管、无钱管）局面仍未明显改观，而盲目追求快速城镇化和高速经济增长的势头有增无减。由于长期缺乏科学规划，科技支撑能力不足，环保基础设施建设滞后，环境监管不力，导致我国农村环境管理失控（刘彦随，2013），农村人居环境质量与健康问题日益严峻。

我国村镇建设与农村发展过程中的主要问题　　表3-1-5

问题	主要成因	影响或后果	对策与建议
村镇建设法律滞后，规划管理薄弱，公众参与不够	在行政管理中重城轻乡，导致城进村退，农村政策落实不到位，规划管理"自上而下"，农民参与不够	村镇弱化、村镇布局分散、农村住宅挤占耕地、农村空心化	面向城乡发展一体化，推进全面兴村计划，理顺管理体制、增加财政投入，构筑村镇新格局
人口快速非农化，农村空心化加剧，人地关系失衡	建设用地利用低效粗放、规模不合理、投资开发强度低。过度依赖土地，城乡二元结构和户籍制度的影响导致人走屋空；农业吸引力就业的竞争力弱；农户参与整治土地的权益少；乡土文化传承与发展缺乏有效载体	农业劳动力老弱化；村庄建设用地闲置浪费；乡土文化边缘化；村庄凋敝、消亡；留守人口规模扩大，面临问题日渐凸显；农村空心化加剧发展，人地关系失衡	科学编制土地利用总体规划，强化土地用途管制，实现土地优化配置，盘活空废建设用地，全面提升村镇土地利用效率和效益；按照新型村镇化与农村社区化建设要求，重视夯实农村发展基础，开发农业新功能和发展乡村旅游
耕地面积减少、利用粗放，粮食安全面临严峻挑战	农业内部结构调整的逐利性导致耕地向非粮用途转变，土地非农经济收益高于农地，导致农地向城市、工业用地转移；农药低效过度使用，污染水、土环境；高成本和低价格导致农民种粮意愿不足，农田抛荒、季节性闲置、非粮化影响粮食安全；农业劳动力老龄化、兼业化导致农业生产主体缺乏，粮食生产发展动力不足	我国近十多年来建设占用耕地350多万亩/年，耕地退化面积超过4成；保障粮食安全面临严重隐患；尽管"十一连增"，但粮食产能日益下降，因此粮食产量和质量受到影响，保障粮食安全面临巨大压力	正确处理农村人、地、业、财协同关系，创新机制，推进集约节约利用土地资源；规范农村土地流转行为；坚守土地非农化"红线"；扩大农业规模化经营；培育现代新型农业主体，构筑中国特色的粮食安全保障体系
土地征用催生失地农民，农民权益保障机制不健全	征地制度不完善，农民自愿放弃土地外出务工，以及城镇化过程中土地被征用，且存在"低征多卖"	失地农民权益受损，农民基本生活难以保障，易诱发社会冲突，加剧贫富分化	加快农村土地制度改革，健全失地农民社会保障体系；赋予农民更多财产权利，切实保障土地民生权益
农民增收动力不足，农民工返乡创业就业困难较多	农业劳动生产率和农产品加工转化率较低，农民收入增长减缓；市场疲软给增收添加压力；农业结构不合理影响农民增收；受利益驱动，农民工返乡后，要求收回原不规范承包的土地，易引发矛盾；受返乡农民工基本素质、创业思维、资金和政策保障等因素的影响，返乡农民工创业就业面临诸多挑战	农村产业基础薄弱、经济发展缓慢；农民工返乡可能引发许多土地承包、住宅权益、社会保障等矛盾纠纷，乃至群体性事件；返乡农民工作为新型产业主体，能否安居乐业，直接影响社会稳定	从村镇实际出发，降低农民工返乡创业就业门槛，加大政策性财政支持力度，强化返乡创业金融服务，完善返乡创业园区建设支持政策，健全农村基础设施和创业服务体系，正确处理农民工就近就业创业与就地城镇化的关系

问题	主要成因	影响或后果	对策与建议
城乡转型进程中农村发展乏力的状况尚未根本改变	过去城镇化发展很大程度上以牺牲农村为代价，导致城进村退、城荣村衰，城乡差距持续拉大，农民生产积极性受挫；消费未拉动我国农村经济增长；农业基础薄弱和农村社会事业严重落后；农村社会保障体系不健全	农村居民内部收入差距不断扩大，农村经济增长、社会进步相对滞后、转型发展乏力	科学定位农村功能；要加快建立健全以工促农、以城带乡长效机制，调整国民收入分配格局，推进城乡基本公共服务均等化，实现城乡协调发展；加快构建新型的中国城乡一体化发展的体制机制
农村环境污染严重，治理难度增大，健康问题突出	城市污染向农村转移，乡镇企业快速发展加剧农村污染；农村人口聚集和消费结构改变加剧环境污染，生产生活污染超出环境自净能力成害；农药和化肥低效利用加剧农村面源污染；环境保护和治理重城轻乡，农民环境意识淡薄，农村环境保护法律和污染监测体系不健全	影响粮食产量和质量，危害乡村生态环境和人体健康，癌症村频频出现，敲响了农村环境安全的警钟	建立和完善农村环境污染防治监管的法律法规体系；建立政府主导、各方参与的环境保护与污染防治管理监督机制；促进农业生产方式转型，发展生态农业和循环经济；加大农村环境污染的治理投入；加强农民环保和治污参与意识

（三）典型地区农村发展面临的问题

1 珠三角地区

改革开放以来，珠江三角洲地区经济社会发展取得了令人瞩目的成就，特别是近十多年来，广东省在大力建设"经济强省"的同时，实施了"文化大省"和"泛珠三角"战略，探索推进旧村庄、旧城镇、旧厂房"三旧改造"，为区域新农村建设、生态文明建设和城乡协调发展奠定了良好基础。但超常规、跨越式的发展，珠三角地区也面临着许多亟待解决的问题与挑战。

（1）发展遭遇土地资源瓶颈

随着经济发展和城市化进程的加快，珠三角地区的耕地减少过快，粮食安全问题日渐凸显，尤其是土地问题成为近虑远忧，建设用地指标寅吃卯粮。珠三角部分地区人地矛盾尖锐、土地利用效率低下、减量规划不到位、长效机制不完善等问题突出。截止到2012年底，广东省建设用地规模为2845.76万亩，逼近2020年建设用地总规模指标（3009万亩），完成

2020年总规模控制指标的压力巨大。

同时，珠三角农村地区集体建设用地的资产性质逐渐显现，以出让、转让（含土地使用权作价出资、入股、联营、兼并和置换等）、出租和抵押等形式自发流转其使用权的行为屡有发生，在数量和规模上有不断扩大的趋势。据统计，珠三角地区通过流转的方式使用农村集体建设用地实际超过集体建设用地的50%，而在粤东、粤西及粤北等地，这一比例也超过20%（郭敬和钟娴君，2005）。由于没有纳入统一土地市场，这种自发性的流转带来许多问题，如随意占用耕地出让、转让、出租用于非农建设，低价出让、转让和出租农村集体建设用地，随意改变建设用途，用地权属不清诱发纠纷等。

（2）城乡规划滞后

1978年以来，珠三角地区经济社会取得了长足发展，但统筹城乡一体化发展仍缺乏一个高层次、高起点和宏观、协调的规划。城市之间、城市内部之间定位重复，恶性竞争。乡村规划只见新房、不见新村，只见新村、不见新社区现象普遍。城乡规划缺乏有效衔接，各项建设缺乏协调，农村基础设施建设尤其薄弱。规划滞后已成为影响珠三角新农村建设的重要因素。

（3）产业提质转型难度大

目前，珠三角的产业仍带有较大的弱质性。主要表现在两个方面：①第一产业严重萎缩，人均耕地不足0.46亩，农业仅占GDP的3%；第二产业发展虽迅猛，占经济总量一半以上，但多以劳动密集型、粗放模仿型的"三来一补"经济和"广州话经济"为主，缺乏自主知识产权和自有品牌，自主创新能力偏弱，产业无序扩张与低水平扩张情况并存；第三产业现代化程度相对低下，与后工业发展需求落差偏大。②产业发展对农村发展的支撑度低。珠三角企业外向加工特征明显，各类工业镇的产业发展与农村、农民收入、就业改善的关联度低。由于产业弱质，对农村发展支撑不力，珠三角新农村建设缺乏根本着力点。

（4）行政管理体制和社会管理机制滞后

农村经济社会体制改革相对滞后，现行的一些体制与新农村建设的要求难相适应。体现在4个方面：①城乡仍为行政主导型的二元结构体制，造成城乡之间的社会性分割。②多数地区仍然实行市、县、镇、村四级管理体制，管理链条长、成本高、效率低，未能实行综合性改革，管理方式方法很不适应经济社会发展现状。③多数农村地区仍实行两级核算，土地资源均掌握在原来的生产队——自然村手中，不利于集体经济集约发展和农村统一规划建设。④农村社会管理体制比较单一，难以形成管理和发展的合力。与经济问题相比，农村的社会管理问题更为严峻，社会失范现象比较普遍。改革开放以来，珠三角地区人口结构发生了重大的变化，外来人口比例超过总人口的50%；外来人口对珠三角经济建设贡献巨大，但劳动、教育、医疗、社保等社会权益却得不到充分保障，易诱发农民工、代耕农等社会问题。同时，社会治安管理基础仍比较薄弱，治安形势不容乐观。因此，如何正确应对和处理好社会管理问题，已经成为考验当地执政者执政智慧的重要问题，也是推进新农村建设亟须突破的重大社会问题。

（5）人才匮乏

珠三角农村地区整体上人才结构不均衡、总量不足。突出表现在，国民教育结构不合理，青壮年受教育程度较低；现代经济型人才缺乏，社会管理人才引进和培养更显不足；镇村干部队伍"洗脚上田"的比重偏高，而"洗脑上路"的综合素质过硬的人才比重偏低；县镇专业技术人才不足，党员干部队伍老化严重。经济社会发展与人才资源出现长短足现象，经济社会协调发展面临人才危机。

（6）城乡错位、农村公共服务不足

随着农村快速工业化和城市化发展，珠三角地区城乡界限日趋模糊，城与乡的角色和功能容易发生错位，不同程度地存在泛城镇化、泛居民化倾向，给新农村建设带来较大障碍。一是泛城镇化倾向。许多地方乡村建设热衷于"克隆"城镇，留下"村村像城镇，镇镇像农村"、"城不城，乡不乡"的乡村建设败笔。二是泛居民化倾向。有的地方不顾现实条件，片面地追求城镇化率，盲目推进村改居进程，驱使广大农民洗脚进城。但由于缺乏完善的城乡配套改革措施，农村公共服务投入不足，难以在真正意义上实现从农村向社区、从农民向居民的转变。部分地区村改居后，管理体制、运作模式仍停留在村集体经济阶段，村民原住宅甚至在城市中形成大批难以同化的亚文化区——城中村。

（7）"三旧"改造多方利益难平衡

珠三角地区"三旧改造"的焦点是对现有农村集体建设用地格局的一次"破旧立新"式的改革，盘活低效、闲置土地，优化城乡土地配置。面对不同的利益主体，这一改革不仅是一个土地用途和强度提升的技术问题，而且是多方利益重新分配的社会难题。当前"三旧改造"仍在试点中前行，但如何协调多方主体利益仍是面临的突出问题。

（8）村镇治理问题

在村镇治理方面，珠三角农村经历了从宗族治理到政权管治再到社区自治的转换。目前珠三角农村经济社会结构有别于中国普遍意义上的农村，基本成立了以土地股份合作为主的集体经济组织，农村村落正向职业人口多元化居住社区转变，并存在"两委一社"（基层党支部和村民委员会）的治理架构、集体经济组织法律定位、土地规模经营以及社区公共事务管理等突出问题。

（9）生态环境恶化

近年来，伴随着经济高速发展，工业化和城市化的快速推进，流动人口急剧增加，珠三角环境污染和生态破坏日益严重，总体上生态环境仍处于退化、恶化的阶段。珠三角地区农村环境污染主要表现为农业污染、农村生活污染和农村工业污染所形成的复合型污染。其中生产、生活污染物排放量远远超过环境容量，流经城市的河段普遍受到严重污染。环境污染和生态破坏造成巨大经济损失，危害群众健康和公共安全，由环境污染引发的社会冲突逐年增多，直接影响到社会和谐稳定，已成为新农村建设亟须解决的重大问题。目前虽然珠三角地区农村生活垃圾基本搭建起了"一县一场"、"一镇一站"、"一村一点"的收运处理体系，在部分地区试点探索了"县统筹镇、镇统筹村"的生活垃圾收运模式与农村生活垃圾分类减量，并强化"村村保洁"工作机制，农村卫生环境得到较大幅度提升。但由于长期以来农村经济发展模式粗放、农户环境意识淡薄、城乡环境管理的二元化、土地产权设置不合理等造成的农村环境污染问题仍然严重。此外，农民由农村传统生活方式向城市生活方式转变也对该区的农村环境产生不利影响。

2　长三角地区

长三角是我国人口稠密、经济发达、文化繁荣、人民生活富裕的经济区域。长三角地区凭借经济、科技、市场、区位和交通等优势，改革开放以来经济社会取得了突飞猛进的发展。然而，长三角地区农村发展在农业集约化程度、医疗条件、农村基础设施、村镇建设等方面面临诸多困难和挑战。具体体现在以下几个方面：

（1）农业集约化程度有待提高。农业生产单位小、组织化程度低、田间形态差、单位产出率不高。同时，农业形态布局、产业定位以及注重发挥其生态功能、服务功能等方面的目标和规划尚不明确。

（2）农村医疗条件较差、医疗水平普遍较低，农民看病难。看病难已是不争的事实，农村合作医疗报销手续烦琐、补助标准低；同时，农村医疗服务水平和环境卫生条件令人担忧。"小病靠乡下卫生院，大病靠城乡大医院"，面对大病恶疾时，农民只能选择城里条件好的医院就诊，但同时面临着高额的医疗费，农民收入渠道单一，部分农民因病致贫、因病返贫甚至债台高筑。

（3）农村公共服务设施配套水平低、基础设施维护管理难。长三角地区虽然经济发展水平较高，但农村公共服务设施配套水平仍较低，村庄功能不完善，服务滞后。公共服务设施缺乏，许多村庄缺乏生活污水和生活垃圾收集处理系统，村民垃圾乱倒，污水横流，"室内现代化，室外脏乱差"现象突出。近年来，随着国家和地方对农村基础设施建设投入力度的不断加大，农业生产生活条件得到了不断改善、提高。当前农村已经建成了一大批道路、农田水利等公共基础设施，农村的生产生活条件得到改善。但由于农村公共基础设施缺乏有效的维护管理措施，资金投入不足，是当前存在的突出问题，与目前农业发展的需求已不相适应，严重制约了新农村建设的步伐。

（4）农村环境污染治理难。由于部分工业废气、污水未经处理便直接排放，使得当地环境受到严重污染。生活垃圾随意堆放逐渐成为农村环境污染的一个重大难题。同时，村民对垃圾污染环境问题尚未引起足够的重视，但生活垃圾对长三角地区农村环境的影响已日渐明显。农村生产生活产生的废弃物日益增多，且现在的生活垃圾不易腐烂变成养料，对环境造成极大的影响。生活垃圾的处理在乡村未被引起足够的重视。

（5）农村义务教育依然薄弱。农村义务教育，是农村人口素质提高的根本途径。长三角部分地区农村师资力量薄弱，农村教师待遇差，个人发展受限，教师流失严重；农村家庭教育负担日益严重，义务教育乱收费、违规收费现象普遍。欠发达农村地区教学基础设施欠缺，与城市相比，呈现明显的城乡二元化特征。同时，部分文化水平不高的农村居民封建思想及迷信思想根深蒂固，小农意识浓厚，只看重眼前利益及局部利益，惟"读书无用论"，法律知识贫乏、法制意识淡薄，与社会主义现代化和谐新农村建设的要求还有一定的差距，村民整体素质有待进一步提高。

（6）村庄建设规模小、分布散、布局乱。长期以来，受村庄以村民小组为基础的制度影响，农民住宅多以组为单位沿河、沿路或靠田分布，十几户、几十户农宅建在一起，聚居规模小。由于以家庭为单位的农业生产方式的影响，农户习惯于以自然院落的形式分散居住，各家各户的住房分布关系混乱，有些甚至一户一个点，一家一条路，形成农户住宅"满天星"式的分布格局，新、旧住宅分散在田地间，生活用地、生产用地以及其他用地相互混杂，使得农田难以成片，影响土地的集约利用、农业的规模经营和农村的田园风光。同时，村庄建设规模小、分布散、布局乱造成农村基础设施建设量大，投资分散，成本增加，公共服务设施难以配置。

3 冀西北地区（宣化）

京津冀协同发展已上升为国家区域战略。如何有序推进该地区城乡、工农、山川、上下游之间的协调关系，事关区域持续健康发展。本研究以张家口市宣化区为例，从典型区域解析来透视统筹城乡发展中面临的深层矛盾，梳理总结区域发展中面临的共性问题，进而为全面构筑我国经济增长"第三极"提供决策依据。

宣化区地处北京市西北部的洋河流域，具有良好的区位优势，环张宣，近京津，连晋蒙，西北距张家口市区30公里，东南距北京170公里，西邻煤海大同180公里。南接华北腹地，是连接东部经济带和西部资源区的重要节点。区域内京包铁路，110、112国道以及京藏、宣大等高速公路纵横交错，随着张家口机场建成通航，形成了集公路、铁路、航空于一体的现代立体综合交通体系。即将开工建设的京张城际铁路通车后，京宣两地车程可缩短到30分钟左右，宣化将完全融入"北京1小时经济圈"，真正实现与首都北京的同城化发展。改革开放30多年来，宣化区经济社会取得了长足的发展，但自然资源（土地、水资源）和不合理的人类活动是制约宣化区进一步发展的重要瓶颈。主要表现在以下几个方面：

（1）人地矛盾突出，粮食供给压力大。宣化区耕地面积5496.47公顷，其中基本农田41357.5公顷，人均耕地不足0.3亩，远远低于国家人均耕地量。宣化区耕地人均数量偏少，而且随着国家对于生态环境问题的不断重视，宣化作为京津风沙源战略工程、河北环首都绿色经济圈的重要组成部分，承担着巨大的生态保育功能。同时，宣化处于工业化、城镇化驱动的经济社会快速发展阶段，常住人口不断增加与人民生活水平的持续提高，对城市空间的布局提出了更高要求。城市建设规模不断扩大，重工业等主导产业的发展对土地需求也日益旺盛，占用了大量优质耕地，人增地减的矛盾日益尖锐。随着人口的增加，人均耕地占有量降低，坚守耕地红线和保障粮食安全的压力增大。

（2）基本农田质量总体偏低。宣化区现有耕地中高产田面积仅为3757公顷，仅占68.80%；中产田面积为1188公顷，占21.70%；低产田面积为520公顷，占9.49%，高产田在耕地中所占比重较低，耕地质量有待提高。由于农田建设和资金缺口较大，致使现有基本农田得不到及时配套，水利化程度不高，水利基础设施建设步伐缓慢，严重影响基本农田质量的提升。

（3）耕地后备资源开发利用制约因素较多。近几年，宣化区开发的后备土地资源有6000亩左右，工矿废弃地2000多亩，主要分布在北部山地区和庞家堡镇，对其开发既有来自生态保护等政策方面的制约，又有地形坡度大、地块过于分散、零碎，以及水资源缺乏等自身条件的限制，可复垦为耕地的仅有500亩左右。虽拥有丰富的耕地后备资源，但是开发难度巨大，短期内很难进行耕种，不宜复垦为耕地。

（4）土地细碎化严重，不利于规模经营的开展和现代农业发展。受人为和自然因素的双重影响，宣化区农业生产的地块细碎化问题较为突出，具体表现为对耕地的人为切割使单块土地面积过小，尤其在许多山地、城区边缘造成的土地细碎化现象尤其严重。土地细碎化加大了大型农业机械的耕作难度，不利于规模经营的开展，对农业现代化产生阻碍。此外，耕地细碎化还可能引发土地权属问题，增加土地整治的难度。

（5）建设用地利用较为粗放，集约利用程度不高。据调查，2009年全区城镇用地面积为3610公顷，城镇人口26.9万人，人均用地7281平方米，存在低效用地现象；农村居民点用地面积较大，2009年全区农村居民点用地面积1442公顷，占土地总面积的4.47%，且分布零散、杂乱、无序，人均用地面积达到134平方米，处于用地规模超标状态；独立工矿占地面积较大，布局较为零散，加之近几年由于很多乡镇企业经营不善以及矿产资源的枯竭，不少企业都处于半停产状态，不仅经济效益低下，所占土地也处于闲置状态。总体来说，宣化区用地仍然较为粗放，用地结构有待优化，用地效率急需提升。

（6）建设用地供给和需求的空间错位。宣化分为宣化区和宣化县。宣化区有城无乡、宣化县有乡无城。宣化区人口、经济密度大，城市发展空间不足。与此同时，宣化县面积远大于宣化区，土地资源丰富。但是宣化县工业基础相对薄弱、产业结构层次较大，第二产业比重大。在宣化区层次上，也同样存在建设用地供给和需求的空间错位。宣化区新城的土地需求主要集中城市规划设立的禁建区。与此同时，在庞家堡等其他乡镇建设用地指标充足，尤其是庞家堡镇存在大量有整理的工业用地。

（7）生态用地水土流失严重。水土流失不仅蚕食破坏耕地，降低土壤肥力，恶化生态环境，也加剧了旱、涝等自然灾害的危害，给宣化区农业生产和群众生活带来严重威胁。全区水土流失问题主要分布在庞家堡镇，特别是白庙、庞家堡、李寺山和花家梁等村水土流失问题严重。水资源不足，人均水资源占有量为全市的3/5。存在一定程度的土地退化现象。同时全区存在一定数量的直接或间接受工业"三废"影响的土地。

（8）水资源需求量大，地表水资源面临枯竭，地下水水位下降。由于水资源需求的持续增加，宣化区地表水资源面临枯竭，不仅如此，由于过量抽取地下水，地下水埋深以每年1米的速度快速下降。地下水位的下降，尤其是深层地下水位的持续下降将对本区生态环境带来巨大的压力，制约区域可持续发展。

（9）第二产业比重过高，不利于产业结构升级。2012年，宣化区实现地区生产总值达143.8亿元，其三次产业结构由2000年的18.3∶38.0∶43.7调整至2012年的2.0∶59.1∶38.8，非农产业比重高达98.0%。依据产业结构的工业化阶段划分标准，一产比重低于10%，二产比重达到最高水平，当前宣化区处于工业化的高级阶段。农业和服务业发展滞后，部分行业产能过剩但仍有盲目扩张的趋势。传统产业占比较大，高新技术产业发育不足，支柱产业不突出，尚未形成对整个工业经济的强力带动作用。虽然近年来第二产业发展很快，但是产业内部结构不合理：基础性产品多、配套企业少，高附加值的产品少。第二产业主要是资源型企业，从而带来一定程度上的资源浪费与环境污染问题。同时，对区域农村劳动力的转移就业的带动作用有限。因此，宣化区今后应逐步引导区域产业结构的优化升级，尤其应做大做强第三产业，整合和转移第二产业。

（10）人口集聚态势明显，社会公共资源供给压力增大。宣化区人口规模不断上升，自然增长率呈现稳定变化趋势，成为区域人口增长中心。人口规模的不断扩大，为经济社会发展快速发展提供了强有力的人力资本支撑。其中，外来人口规模不断增大，常住人口规模长期高于户籍人口规模，2010年，两者差别达到13730人。大量外来人口的快速涌入，极大地促进经济社会的快速发展。

（11）适应产业发展需求的农村劳动力素质有待提高。近年来，虽然东丽区实施了一系列人口素质提升工程，例如，加快职业技术培训，强化基础教育等，但是总体上看农民人口素质不高。一方面，农村劳动力素质较低，大量农村劳动力无法实现充分的就业转移与安置；另一方面，各种产业快速发展过程正面临着人力资源供给不足的制约，而农村劳动力素质问题成为未来时期人口可持续发展所面临的核心问题。

（12）社会公共服务供需结构矛盾突出。社会公共服务支撑体系尚不健全，社会公共服务总体供给能力仍不能满足人口增长和人民群众生活水平提高对改善公共服务的实际需要。基层社会公共服务能力有待进一步增强。社会公共服务供给渠道单一，优质资源供给不足。例如，优质教育资源不足，"看病难"问题依然存在，基层医疗卫生服务能力尚需进一步提高。文化艺术精品、品牌性文体活动以及基层公共文化体育服务内容还不够丰富。社会保障总投入占GDP的比重还比较低，城乡待遇差别较大。农村地区社会公共服务基础薄弱、供给不足、水平较低、发展严重滞后，尚未形成城市支持农村、城乡一体化发展的有效机制。社会公共服务资源尚未覆盖到全部流动人口，推进基本公共服务均等化任重道远。

二 村镇建设产业培育与现代农业发展

（一）村镇经济、产业与村镇建设间的交互作用，村镇经济增长的内在机理

1 村镇经济、产业发展与村镇建设的相互作用关系与机理

（1）村镇产业发展是村镇经济和建设的基本动力

产业发展增加就业机会，吸引外来人员流入城镇。产业集群对小城镇发展具有诸多重要作用：是小城镇兴起和发展的基本动力；提升小城镇的发展水平；推动小城镇区域经济发展；为小城镇建设提供资金保障等。小城镇的良好发展为产业集群提供空间载体和强大的支持力，因此产业集群与小城镇发展相互制约、相互促进。

产业集聚于小城镇促进了小城镇公用设施建设，有利于小城镇基础设施规模效应的形成。产业集聚需要使用公共基础设施，如公路、铁路、码头、供电、供水、污水处理、通讯、仓储等，农村企业集聚于城镇，能较好地共享这些公用基础设施的外部效应，便于节约大量建设费用，形成外部规模效益。

扩大了城镇市场，产生较强的市场效应。产业的区位选择和集聚过程是小城镇发展和都市圈形成的主要动力。埃德温·米尔斯和布鲁斯·汉米尔顿的都市集聚形成模型就清楚地反映了两者之间的关系。埃德温·米尔斯和布鲁斯·汉米尔顿认为，假如规模经济在某种经济活动中存在，那么从事这种经济活动的经济主体为了获得规模经济就必须选择在某一区位进行大规模生产，这就是经济活动的地方化过程。这个经济主体的雇员为了减少交通成本在附近定居，也就引起了人口（需求）的集中，在需求指向下，一些相关的经济活动及其从业人员也就就近选址（克服运输成本和通勤成本）。集聚在一起的人口和经济活动又会产生积极的外部效应，即集聚

经济。集聚经济甚至吸引了那些与最初活动无关的人口和经济活动的进一步集聚，进一步推动了小城镇发展的进程。由于集聚经济效益的存在，产业区位集聚与小城镇发展之间表现出互促共进的发展态势。

产业集聚和小城镇发展的相互关系主要体现在两个方面：一是产业集聚为推动小城镇发展提供了动力源。产业集聚产生小城镇，是小城镇发展在一定的地理空间上扩张的动力。产业集聚必然集聚人气，没有产业集聚的城镇，人口就很难充分就业；就没有足够的收入，就很难刺激消费；而没有消费就没有再生产。同时，产业集聚又可以促进小城镇制度创新，为小城镇发展提供了有效的制度保证。

（2）村镇建设为产业发展和经济增长提供支撑

小城镇发展是产业集聚的有效载体。小城镇发展是产业集聚化的明显标志，带来了人口、劳动、产业、土地、资金与技术的集聚，使生产要素由分散无序状态向规模集约型转变，能够形成较高的聚合效应，降低产业发展成本，增加盈利，为产业结构调整创造了有利条件；小城镇发展将内生出新的市场空间，随着小城镇的增设和规模的扩大，小城镇的引力效应增强，促进整个消费结构和生产结构的升级，形成新的经济增长点。小城镇发展能够促进产业集聚水平的提升和拓展产业集聚发展的空间。产业集聚和小城镇发展之间只有"产业互动，城乡交融"，以小城镇作为产业集聚的经济内容和发展媒介，以产业集聚促进小城镇发展，产业集聚与小城镇发展才能互动发展，从而提升小城镇区域空间的整体竞争力。

小城镇发展水平影响产业集聚效应的发挥，从而影响劳动力、产业和技术服务支持机构等产业集聚发展所需的要素的集聚，并且对产业集聚发展所需的外部环境产生影响，如基础设施、本地的制度环境、产业文化、企业家精神和社会关系网络等。

随着新型城镇化的发展，小城镇向着基础设施完善、服务功能齐全、经济繁荣、环境优美的现代化城镇迈进。工业、商贸、金融等系统得到发展，水电、通讯、绿化等基础设施建设不断完善，乡镇道路交通条件、文化教育设施和服务体系有所加强，镇容、镇貌显著改善，进而通过规划调整城镇综合功能，完善各种有效组合。城镇化进程中的这些方面的发展，对集群经济起到了有力的支撑作用，推动了集群内企业上规模、上档次、上水平，不断吸引更多的投资者与农村剩余劳动力向城镇集中。

（3）经济增长为村镇建设提供物质基础，为产业发展提供空间与拉力

推进小城镇建设需要强大的经济实力和财源作后盾，这在客观上需要人们必须通过采取加快产业集聚、发挥规模效应等措施，致力于发展壮大财源，提升经济运行质量。从某种意义上讲，城镇建设是资金密集型建设。因此，解决资金问题，增加资金投入，是加快小城镇建设的中心环节。在城镇建设中，工商企业建设、住宅和生活设施建设的投资主体主要是企业和居民，而基础设施建设、科技卫生事业的建设的投资主体主要是政府。或者说政府对于城镇建设，不仅要依靠政策促进工商业、房地产业、建筑业的发展，而且对基础设施建设、科教文卫事业建设负有直接的投资责任。

产业集群的发展使城镇建设资金来源多元化，民间资金为城镇建设提供了有力支撑。小城镇的发展，基础设施的改善，使镇区聚集了一定数量的企业，增强了小城镇的经济实力。

2 村镇经济增长的机理及其驱动力

影响村镇经济发展的因素包括资源禀赋、区位条件、政策环境、管理手段和创新动力等（图3-2-1）。资源禀赋是村镇经济发展的内生动力，区位条件和政策环境通过影响村镇资源的开发进而影响经济发展，是村镇经济发展的外部动力。管理手段和创新动力能够影响内生动力和外部动力对村镇经济的带动作用，是村镇经济发展的环境因素。

内生动力——资源禀赋：不仅包括自然资源、劳动力资源、资本等硬性资源，还包括信息资源、技术资源、人文资源、知识资源、知名度、关系资源等软性资源。

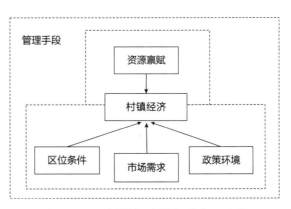

图3-2-1 村镇经济增长动力示意图

传统村镇发展更多地依靠硬性资源，而随着村镇发展，从依靠硬性资源逐渐转为软性资源。

外部动力——区位条件：狭义的区位概念指一个地区经济地理位置的优劣性和通达性，直观的理解就是交通要素相对于其他地区的优越度。广义的区位还包括其他诸如劳动力、技术、资金等要素在空间地理位置上相对于其他地区的便利度以及所处区域经济、市场环境的发展程度或完善度。在小城镇经济发展中，区位条件的优越程度有时会起到决定性作用，主要表现为以下几方面首先，区位地理位置因素的便利程度决定了其与外界经济往来的可能性其次，区位的市场环境完善程度直接影响着其外向型经济或内向型经济的形成再次，小城镇与区域经济中心的区位关系影响着其受外来经济辐射的强弱程度，因而影响着对开放经济的依赖度。

外部动力——政策环境：政策对于任何国家、任何地区经济发展都是重要的影响因素。计划经济时期，特殊的经济体制决定了政策对经济发展的巨大影响作用，这种作用甚至深入到了微观经济活动。市场经济下，政策的作用由原来直接、硬性的指令性计划变成了间接、灵活的指导性政策策略，发挥出了更好的作用。如，行政区划调整政策、发展乡镇企业政策以及土地、户籍等政策的制定，都促进了小城镇经济和社会的发展。因此，政策对于小城镇经济发展及其模式选择的作用是显而易见的。首先，政策影响小城镇经济发展目标的制定；其次，政策影响小城镇主导产业的选择、经济发展战略及具体发展规划的制定。

环境因素——管理手段：包括经济管理手段和社会管理手段。传统计划经济体制下，城乡之间生产要素配置不是以市场竞争为导向，而是以国家及政府的宏观调控为导向，使城乡的资金、技术、人才、信息等各种生产要素禁锢在各自地域范围内，城乡两个市场、两种资源处于严重割裂与封锁的发展状态。在这种管理体制下，生产要素利用效率低下，个体经济受到全面扼杀，小城镇建设资金主要靠政府，因投入单一发展缓慢另外，户口、就业、商品粮、住房等各种政策限制了农村人口向城镇的转移。改革开放以来，我国经济体制由计划经济向市场经济过渡，经济发展以市场竞争为导向，各种生产要素在城乡之间合理流动、合理分配，实现了要素、资源的优化配置和利用效率的提高。市场经济体制对小城镇的推动作用主要表现在以下几个方面一是促进资源配置向优势区位聚集，使一些条件较好的地区成为经济增长点，加快了小城镇经济、人口的集聚二是市场经济体制下，个人、集体、外来资本等资金的加入，使小城镇建设投资主体向多元化发展三是市场经济体制激活了城乡商贸往来和货物流通，一些交通条件较好的小城镇成为周围地区货物集散中心得到迅速发展。

社会管理是指政府运用法律、政策及行政手段对公共事务的管理，其本质是对小城镇各主体利益的协调。有效的管理可以增强小城镇的凝聚力，提高小城镇的福利水平能够增强小城镇的亲和力，提升小城镇的竞争力、形象和魅力，解决小城镇发展中的问题有助于通过对各方利益的协调，最终实现公共利益的最大化。

环境因素——创新动力：创新包括体制和政策创新、技术创新、思维创新等几个方面。现阶段体制和政策创新的重点一是通过深化体制改革，逐步完善市场经济体系，适应社会发展需要二是对户籍、土地、产业等方面的制度进行改革，消除原有制度对经济社会发展的阻碍。技术创新是城镇化的关键，它包括规划技术、城镇建设技术及企业生产技术等方面的创新。思维创新就是要更新观念，从传统模式下的定式思维及时调整到市场经济条件下的动态思维，适应经济社会持续发展的需要。

（二）现代农业对于村镇经济的带动作用，当前我国村镇经济面临的困境

1 现代农业对村镇经济发展的带动作用

（1）现代农业对农村三产的带动作用

我国正处于工业化中后期、城镇化加速推进的关键时期，农业占GDP的比例虽然仅为10%左右，但农业的基础地位不能改变，而且会更加突出和强化。现代农业发展关系着国家粮食安全，关系到13多亿人口的吃饭问题、6.4亿农村人口的就业与增收问题，关系到我国工业化、城镇化、信息化发展的稳步推进，关系到统筹城乡、区域协调与可持续发展的长远战略。

农业现代化发展是我国农村经济繁荣、持续发展的必由之路，是建设社会主义新农村的重要支撑和保障。

虽然我国实现了粮食生产的十一年连续增长，农民收入增幅也逐渐加大，但目前制约农业与农村发展的深层次矛盾和问题尚未根本消除，促进粮食生产稳定发展、农民持续增收的长效机制尚未建立，耕地资源、水资源的约束不断加大，农业生产条件依然落后，农业经营效益依然较低，促进农村经济增长的原动力日显不足，发展现代农业成为解决这一问题的根本途径。

首先，发展现代农业是农业可持续发展的根本保障。通过农业生产手段的现代化、生产技术的科学化、经营方式的规模化、生产服务的社会化、生产布局的区域化、基础设施的现代化，可以全面改善农业生产条件，提高农业生产效率，提高粮食综合生产能力，使农业资源得到合理的开发利用，提升农业综合竞争能力。以农业现代化建设为契机，以土地的大规模流转和集中为条件，以市场为导向，以农民增收和农村改革为动力，通过产业化龙头企业的带动作用，创新农业产业组织形式，实现农业产业化经营，延长农业产业链，可以优化农业生产要求，不断提升农产品价值，扩大农业就业范围，提高农业就业品质。通过不断革新农业生产技术，创新农业生产理念，改善农业生产管理方式，推进循环农业、生态农业发展，进而减小对环境的影响和破坏，通过农业生产的生态化、高效化，促进农业的可持续发展。

其次，发展现代农业有利于推进农村工业化、村镇化的健康发展。农业现代化能够有效整合农村资源、提高农业生产效率，释放农村剩余劳动力和土地资源潜力，进而为村镇化发展和农村第二、三产业的协调发展提供劳动力和土地保障，促进村镇化质量的提高，推动农村工业化的持续发展。不断发展区域特色农业产业带（群），突出地域特色，形成比较优势，挖掘本地特色资源，着力发展特色农业，借助区域特色农业带动农村地区第二、三产业发展。

发展现代农业可以优化农村产业结构，提高第二产业在农村经济中的比重，使农村产业结构更加合理，加快农村工业化进程。农业产业化发展以市场为导向，以家庭承包经营为基础，依靠各类龙头组织的带动，将生产、加工、销售紧密结合起来，实行一体化经营。农业产业化发展可以为农村产业结构调整提供市场引导和技术、资金支持。农业龙头企业外联国内外市场，内联农户，根据市场需求，及时地向农产品生产基地传递市场信息，以此引导农民确定主导产业和生产规模。龙头企业向农户推广先进适用的生产技术，为农产品生产基地提供技术服务，培训技术人才，从而为产业结构调整提供技术支持。

此外，大力发展休闲农业、观光农业和循环农业，既有利于整合和开发农村的自然资源和生产要素，又可以保护生态环境，优化农业产业结构，实现农业可持续发展。同时，有利于农村在耕作和生产方式、居住和生活方式、交通通讯方式及地理文化环境等方面由传统农村社会形态向现代社会形态转变。在我国农村运作休闲产业可以有效地利用当地的文化资源，促进农村产业结构的调整，少占耕地，降低污染，稳定增加农民的收入。我国许多农村，虽然耕地稀少、劳动生产率不高，但是，它们拥有丰富多彩的自然地理、民俗风情、传统资源和大量劳动力，恰好构成了开发休闲产业的良好条件。

以农业和农村为载体，利用农业生产经营活动、农村自然环境和农村特有的乡土文化吸引游客，通过集观赏、娱乐、体验、知识教育于一体的新兴休闲产业带动村镇建设。这种模式充分利用农户庭院空间以及周围的鱼塘、树林、菜地等农家资源，增设耕地种菜、现场采摘、自选自做等服务项目，让游客吃农家饭、享农家乐，大力发展农家休闲娱乐旅游经济。投资少、收益好、见效快是农庄型新农村建设最为显著的特点。全国各地的农庄型新农村建设开发，基本上依靠当地农村因地制宜，因势利导，充分利用了现有的自然与人文资源，加以开发和利用，也有效带动了"农家乐"经济的迅猛发展，其发展形态与模式，较为集中地体现了现代经济学中的新观念与先进成分。建立起农业生态园、养殖场、采摘园、农产品物流配送中心、学农教育基地、农艺园、民俗村等方式把乡村的发展与休闲产业的发展融为一体，对促进农村旅游、调整产业结构、建设区域经济、加快农业市场化进程产生了良好的经济效益。

（2）农产品加工业发展现状、问题与趋势

当前，我国农产品加工业正从快速增长阶段向质量提升和平稳发展阶段转变。农产品加工率、加工和农业产值的比值以及精深加工比重，是衡量农产品加工水平的主要指标。

在发展规模方面，目前我国的农产品加工率（初加工以上的农产品比例）只有55%（低于农产品加工业"十二五"规划发展目标），精深加工率（二次以上加工）不足45%，低于发达国家（发达国家农产品加工率和农产品精深加工率分别为约90%和80%），仍有相当大的比例是以未加工状态进入市场或者损耗掉。果品加工率只有10%，低于世界30%的平均水平；肉类加工率只有17%，低于发达国家的60%。发达国家加工食品消费占饮食消费总量的90%以上，我国目前仅为50%左右。食品种类上，大宗农产品（粮、油、糖、蔬菜、水果、畜产品、水产品）仍然占多数，糕点类等加工农产品比重不高。

在产值方面，一是农产品加工业产值和农业产值之比，2.1∶1的加工和农业产值的比值与发达国家3~4∶1和8~9∶1的理论值差距很大。二是食品工业产值与农业产值之比，发达国家大约为1.5∶1~2∶1，而我国约为0.88∶1（2010年数据）。

在装备方面，我国农产品加工的技术装备80%还处于20世纪70~80年代的世界平均水平，15%左右处于20世纪90年代水平，只有5%左右达到国际先进水平，加工技术装备差距还比较大。技术装备整体比发达国家落后20~25年，核心设备主要靠进口。而大多数发达国家把产后农产品的贮藏、保鲜及深加工技术开发放在农业首位，如美国的玉米深加工，日本的稻谷加工技术，瑞士制粉技术，欧美油脂精炼及副产物精细化工产品制取技术等，工业食品占到其整个食品的八成到九成以上。

在拉动就业方面，主要发达国家从事农副产品深加工的劳动力是从事农业生产的5倍多，而我国农产品加工企业人数还不到从事农业生产人口的1/10。

农产品加工业是发达国家国民经济的重要支柱产业，最明显的优势在于技术装备的先进性、产销一体化的衔接性、资源利用的综合性以及产品品质的高标准性上。我国正处于直接消费需求逐步下降、加工品消费逐步上升的阶段，农产品加工业在产业发展和吸纳就业方面的潜力还远远没有发挥出来。

"农产品加工水平和转化增值率依然偏低"是2015年《农业部关于进一步调整优化农业结构的指导意见》中指出的主要问题。进一步地，行业内部存在以下具体问题：

产地初加工落后，精深加工率低。我国的农产品初加工机械化水平较低，初加工环节以缺乏资金与资源整合能力的农户、专业合作组织和小企业为主，设施简陋、工艺落后，造成生产效率低、产品质量不稳定以及浪费严重、环境污染等问题。直接体现为产后损失巨大，粮食、马铃薯、水果和蔬菜的产后损失率分别高达7%～11%、15%～20%、15%～20%和20%～25%。

受经济水平影响，农产品加工业存在区域梯度差异。山东、浙江、江苏等东部沿海地区农产品加工业发展较快，而资源潜力巨大的西部地区农产品加工业面临较大困难，农业生产效益低下。以马铃薯为例，东北、华北、西北和西南等产区的加工局限在鲜食和饲料方面，速冻薯条、油炸薯片等加工则主要分布在东部主销区。2000～2010年的十年间，食品工业企业的分布进一步往东部省区聚集，中、西部只占到全国的29.9%和15.3%，一定程度上割断了农业与农产品加工业之间的联系，农产品生产、加工和销售脱节。

自主创新力弱。我国农产品加工业大而不强，加工水平、规模和综合利用不足的主要原因是自主创新能力弱、科技支撑不足、科研方向较为单一。无论是农产品加工企业还是科研单位和大专院校，自主创新意识相对缺乏。产业高端核心技术和综合利用加工技术装备主要还依赖进口，受技术和装备水平的制约，农产品加工业能耗相对较高，资源利用率低，节能减排压力大，加工转化能力整体薄弱[1]。技术供给的相对落后导致深加工水平不足、深加工产品品种少且产值所占比重相对较低、资源综合利用率偏

---

① 引自《农产品加工业专利分析与布局》（2015）一文。

低、产业链条衔接不紧密。

中小型企业比重大，且集中度不高。我国农产品加工企业总体规模小，龙头企业数量少。据不完全统计，目前我国有农产品加工企业40余万家，规模以上企业仅占全部农产品加工企业数量的24%；其次是布局分散。农产品加工企业85%是规模以下企业，95%是点状分布，产业分工不够，资源不能共享；另外，农产品加工企业的城乡发展布局不平衡，造成农业损耗大，行业效率和效益低下。

在未来发展趋势方面，目前，在消费升级和资源约束下，新一轮科技革命和产业变革与我国农产品加工业转型升级形成了新的历史性交汇。

其一，消费市场发生重大变化（主要是食物消费结构快速变化）。安全型、营养型、功能型、方便型等农产品加工品的需求增多，市场细分、市场分层的影响不断深化，中高收入群体的消费趋于个性化、高端化。需求的变化对于农产品加工提质增效意义凸显。

其二，供给发生变化。农产品整体上出现供大于求的状况，农业发展方式事关资源环境的变化。需要多元化利用食材、丰富产品门类，强调资源的综合开发高效利用。进而要求在"调结构、转方式"过程中，创新经营组织形式，打通全产业链各环节，以解决农产品过剩、优质农产品难以实现优质优价的问题。

其三，政策环境向好。2015年中央一号文件在两处内容中增加了关于农产品加工业的新提法。一是"统筹利用国际国内两个市场两种资源"，二是"推进一二三产业融合发展"。这两处内容也是首次出现在中央一号文件中。当下正值农业现代化转型时期，农业部先后发布全国农产品加工合作社示范社创建活动、加快推进农产品初加工机械化、大力推进农产品加工科技创新与推广工作等安排。

2 村镇经济、产业发展面临的困境及挑战

改革开放以来，我国不断推进工业化及城镇化发展，由于漠视统筹城乡发展，盲目追求高速城镇化，不仅造成日益严峻的"城市病"，也带来日趋严重的"乡村病"，严重影响了农村地区的可持续发展。主要表现在：

一是农业生产要素高速非农化。快速城镇化耕地流失造成的数千万失地农民、"离村进城"的数亿农民工，以及上学靠贷款、毕业即待业的数百万农家学子组成的"新三农"群体，大多处于"城乡双漂"，难以安居乐业，正成为社会稳定与安全的焦点。

二是农民社会主体过快老弱化。我国进入少子老龄化时期，农村青壮劳力过速非农化，加剧了留守老人、留守妇女、留守儿童问题。一些乡村文化衰退、产业衰落，"三留人口"难以支撑现代农业与新农村建设。有地无人耕、良田被撂荒成为普遍现象。

三是农村建设用地日益空废化。农村人走地不动、建新不拆旧、不占白不占，导致空心村问题日益突出，这也反映了我国农村土地制度安排的不足。中科院测算，全国空心村综合整治潜力达1.14亿亩，村庄空废化仍呈加剧的态势。

四是农村水土环境严重污损化。大城市近郊的一些农村成为藏污纳垢之地，面源污染严重，致使河流与农田污染事件频发，一些地方"癌症村"涌现，已经危及百姓健康甚至生命。"一方水土难养一方人"，背离了城镇化的本意。

由于以上诸多因素的长期存在，我国村镇经济发展面临着巨大的挑战与制约。

（1）如何适应复杂的国际贸易和地缘政治环境，稳定农村经济发展

随着我国加入世贸组织和中国-东盟自由贸易区的建立，关税、配额等保护国内农业的传统手段逐步弱化，我国农产品市场已高度融入国际市场，我国农业从局部参与国际竞争开始转向全方位参与国际竞争，我国农村经济受国际市场的影响越来越大。近年来，越来越多的农村地区走上了外向型现代农业的发展之路。与此同时，随着生产要素在全球范围内的流动和国际分工水平的提高，国际贸易的不稳定性和地缘政治的复杂多变性不断加剧，对我国外向型农业发展带来越来越多的冲击，国际市场的周期性波动对我国农村经济的发展造成不同程度的影响。

国外主产区生产情况通过影响我国粮农产品出口市场，直接影响我国外向型农业发展。2014年二季度以来，受农业收成良好、粮食供需形势好转以

及原油带动大宗商品普跌影响，我国粮农产品价格持续下行，但2015年以来降幅在逐步收窄。今年以来，美国、巴西、阿根廷等主产地的天气情况对作物生长基本有利。联合国粮农组织4月份的世界粮食供需报告上调了全球小麦和粗粮的产量预估，预计2014~2015年度全球谷物产量将比上年度的创纪录水平再增长1%。其中，小麦、玉米供求形势宽松，价格走势承压较为明显。据美国农业部3月份预测，2014~2015年度全球大豆市场供过于求，大豆产量将首次突破3亿吨，达到创纪录的3.15亿吨，同比大幅增长11%；消费2.89亿吨，同比增长5.7%。国际粮农市场的供大于求，直接导致我国粮农产品出口下滑。据商务部统计数据，2015年1~3月，我国农产品出口金额为157.2亿美元，同比仅增长1.8%。而2015年3月，我国农产品出口金额为45.1亿美元，环比下降8.6%，同比下降18.1%。农产品出口贸易形势不容乐观。

世界粮食供需量预测　　　　　　　表3-2-1

单位：亿吨

	产量		消费量		期末库存量	
	2013/14	2014/15	2013/14	2014/15	2013/14	2014/15
小麦	7.17	7.28	6.92	7.11	1.93	2.05
粗粮	13.10	13.21	12.47	12.82	2.34	2.64
大米	4.97	4.94	4.91	4.99	1.81	1.77
合计	25.23	25.44	24.30	24.93	6.08	6.45

数据来源：联合国粮农组织粮食供需报告，2015年4月。

国际市场和国际金融危机作为村镇企业发展函数的外生变量，直接或间接地影响村镇企业经营绩效。2014年以来，世界经济增长低迷，国际市场需求不足。课题组在调研中发现了两个突出的案例：

1）河北阜平县北果园乡东城铺村专业合作社种植香菇，60%以上出口日韩等国，2014年以来受国际市场价格变动的影响，销售量、单价都出现大幅下滑；

2）河北张家口某养兔龙头企业，年产值超过5000万元，共带动9个县的700余农户参与，但受欧洲经济制裁俄罗斯并引致俄罗斯经济下滑的冲击，2014年以来向俄罗斯出口皮草的贸易严重受阻，单价下降超过50%，直接引致企业发展受阻，农民增收困难。

有鉴于此，应充分考量经济全球化对基础性弱、脆弱性强的贫困地区、贫困户的影响，进一步健全WTO政策框架下农产品国际贸易大幅增长新时期的农产品价格监测与预警机制，全力做好国际贸易市场波动及其影响预测预警，帮助村镇企业提高市场风险的防范与应对机制，努力平抑国内外农产品价格波动对农业生产和种植户、养殖户收入的影响。

（2）如何应对国内经济"新常态"，重塑农村经济结构与发展路径

当前，我国经济正迈入结构调整、经济转型新常态。新常态下经济增速从高速增长转向中高速增长，经济发展方式从规模速度型粗放增长转向质量效率型集约增长，村镇产业发展的环境、条件和要求都将发生相应变化，面临的新老问题和矛盾将更加突出，农村正逐渐丧失原有的低劳动力成本、低土地成本、低环境成本的"优势"，反而将面临返乡的失地、无地农民就业无路、务农无地的现实难题。农村经济发展转型迫切需要在新型城镇化背景之下统筹谋划。

从国际经验看，随着一个国家从农业和手工业进入制造业进而又转变为服务业和知识经济体，国家的经济增速先上升，达到中等收入水平之后，经济增速适度回落至平稳，是一个国家或地区经济增长的普遍规律。"二战"后的一些经济追赶型和工业化崛起型国家皆是如此。例如德国和日本在经历了20世纪六七十年代的持续高速增长之后，经济增速分别从3%和4.5%降到不足2%和1.2%，农村人口逐渐减少，不再能供应似乎无穷无尽的廉价劳动力、资源与环境。我国正在经历相似的过程。由国家统计局公布的2014年上半年、2015年上半年主要社会经济数据对比可见，全国投资、产值和进出口贸易增速均有不同程度的降低，消费增幅略有增加。2015年上半年，我国GDP实现29.6868万亿元，增长6.11%，增幅同比下降2.39%；我国固定资产投资完成额23.71万亿元，同比增长11.45%，增幅同比下降5.9%；我国进出口总值1.88万亿美元，同比减少6.93%。可见，我国短期内经济运行的压力明显增大。"新常态"之下，社会经济系统对劳动力需求的强度和类型在经济新常态下发生着显著变化，企业用工量少特别是用普

通工人量减少的问题尤其突出，从"民工荒"到"打工难"的急速转变，农民就业增收受到显著冲击。同时，返乡人口比例将增高，回村镇谋求生计的比重将加大，导致广大农村特别是贫困地区的农村面临土地、水和教育、医疗等基础设施配置的新压力、新矛盾。安置返乡农民工就近就业既是村镇空间格局再造面临的重大考验，也是为村镇经济良性发展路径重塑带来的重要机遇。市场机制作用的增强将带来区域经济格局中更加明显的"马太效应"，使贫困落后地区农村经济发展雪上加霜，而生态保护、节能减排政策对农村地区资源开发、产业发展的约束将越来越紧。

农村经济如何适应新常态，重塑发展新动力，是亟待解决的根本性问题。应在研判经济形势、研究创新政策时对农村地区予以重点关注，并应对经济运行新趋势、城乡转型发展新要求，积极探索多主体、分层次、分类型的农村经济结构调整的新机制、新政策。

（3）如何破除农村累积性、突发性问题，培育农村内生性发展动力

我国长期采取剥夺农村与农业以支持工业化、城市化的发展方式，造成对农村基础设施建设和产业扶持的投入大量亏欠，要素投入不足，经济建设底子薄，公共服务设施保障缺乏。设施、资金、技术、生产主体、思想意识等发展的内生要素不足，广大农村地区缺乏经济发展动力和比较优势，很难吸引城市资本的转移和产业的下放，经济发展外在推动力不足。同时，国内要素市场生产成本提升、资源紧缺、环境治污、创新能力差等因素也加大村镇企业提升难度，使农村经济发展陷入恶性循环。

改革开放后，我国不断推进工业化及城镇化发展，由于漠视统筹城乡发展，盲目追求高速城镇化，地区生产性资源与医疗、教育、文化等公共资源配置格局失衡，农村空心化问题日益严重。2014年，我国共有农民工27395万人，比2013年增加501万人，增长1.9%，但农民工的就业地点差别很大。本地农民工（在本乡镇内从事非农产业6个月以上的本地农民工）为10574万人，比2013年增长2.8%；外出农民工（年内在本乡镇以外从业6个月以上的外出农民工）为16821万人，增长1.3%。相伴而生的是农村生产主体老弱化，"三留"人口增多，农村社会问题增加。农村合作社、乡镇企业等生产和经营主体建设薄弱，先进技术的推广还十分欠缺，农业机

械化生产、规模化经营之路亟待探索和实践。随着经济增速减缓，大量农民工将返乡，而大部分农民思想意识依然落后，"等靠要"的思想长期存在，将阻碍农村地区的经济模式创新和返乡农民工自主创业。更令人担忧的是农村生态环境日益破坏，面源污染较为严重，还未实现现代农业结构调整和建设美丽乡村，农村的资源环境就已成为乡村转型发展的基础性障碍因素。

有鉴于此，在科学规划的前提下，政府应将更多的公共投资投向有发展潜力的中小城市和中心镇，提供更多的优质公共资源，改善基础设施，用较好的生活环境吸引企业家和劳动者来安居、创业和发展。在农业生产全过程培育社会化服务体系，促进一、二、三产业融合。通过服务的社会化来扩大农业经营的空间，通过生产的专业化来提高农业生产的集约度，通过经营的产业化来延长农业的产业链。促进农业与食品储藏、保鲜、运输、分割、精深加工、批发零售等产业结合，农业与旅游、休闲、环保等产业结合，切实调整农村产业结构，激发农村经济发展动力。

（三）村镇产业培育及其创新发展路径

1 国外典型区村镇产业发展经验

纵观国外村镇产业的发展，经历了以农业生产为主的初始阶段到农业产业现代化全面发展、商贸等综合功能共同提升的产业升级与重构过程。国外村镇产业发展路径各具特色，美国、日本、德国、法国、澳大利亚、韩国、印度等国均作了有益的尝试，在提升村镇建设发展动力、缩小城乡差距等方面取得了良好效果。目前，欧美国家村镇的产业发展已进入农业产业化和城乡产业一体化阶段，以美国、德国、日本等为代表的发达国家已经进入村镇产业时代。国外村镇产业发展主要涉及农业现代化、农产品商品化、商贸流通管理专门化等方面，产业结构的建立与完善主要以农业的产业化纵深发展为主线展开。

（1）资源丰富国家的村镇产业发展：以美国为例

1）以农业为主导，农业向现代化、专业化发展

南北战争后，美国乡村农业的资本主义化生产方式普遍推行，效率和

收益最大化的需求，使农业技术革命随之推广，例如化肥和农药的使用、品种改良、灌溉农业等的出现。第二次世界大战后，美国农业实现了机械化，使农业劳动生产力大幅提高，农业比较优势突出。

目前，美国农业已成为世界上规模最大、科技化程度最高的高效率大农业，具有生产手段机械化、智能化，生产技术化学化、生物化的特点。当前美国已经进入全盘机械化、自动化阶段，不仅种植业、畜牧业离不开机械化，保护自然资源、美化城乡环境也离不开机械化；不但农田作物生产及收获已全部机械化，一些难度大的行业与作业也实现了机械化。播种、施肥、收割等，都实行高科技、智能化管理。近年来，更是综合运用土壤保护、生化防虫、测土施肥、卫星定位等先进技术。卫星定位施肥技术精度可达1~2平方英寸。大学、科研机构帮助农场分析数据，按地块编制分品种的产量与肥料、湿度等相关关系的操作图和操作程序，用于指导机械作业。目前已有50%以上的农场采用全球卫星定位系统辅助农业生产，可以依据定位系统，有针对性地施肥、灌溉，大大提高了整片土地的生产率。美国农业中还广泛使用农业生物技术，降低自然灾害发生率，美国目前全部农作物的67%都是具有耐除草剂、抗虫剂、杀虫剂等基因改性农作物，直接改善了生态环境。

由于各地区气候、土壤、劳动力以及市场条件不同，早在1914年，美国农业已经在很大程度上实现了种植专业化，这种格局保持至今，大致可分为九大带区：地处五大湖以南和东北部地区的乳酪带；牧草乳酪区以南，包括艾奥瓦、伊利诺斯、印第安纳、内布拉斯加和密苏里等州的玉米带；中部和北部地区的平原小麦带；东南部的棉花带；落基山西部山地放牧和灌溉农业区；分布于棉花带和玉米带之间的混合农业带；太平洋沿岸南部水果、蔬菜和灌溉农业区；墨西哥湾沿岸亚热带作物区；太平洋北部小麦和林业牧业区。

2）"农工商运服"一体化发展，产业结构多元化。

农业生产的专业化和机械化，促进农业发展越来越依靠工商企业交通运输和服务部门，为农业部门供应生产资料，加工、运输、销售农产品，提供产前、产中、产后各种服务，成功将"农业"的单一化产业概念发展为"农工商运服"联合体（agribusiness）。

因而，美国农业的社会化程度极高。农场的耕作、播种、施肥、喷药、灌溉、收获、加工等，可以由服务公司全过程代办。美国农业销售渠道发达。农场的农产品生产出来以后，一般交由各类发达的商业性储运机构来运输和保管，这些储运机构通常由农场主们合作投资拥有。农场主通过互联网随时了解农产品现货、期货、期权等价格动态，通过国内外大型粮商、交易所等渠道以有利的价格和方式销售产品。

另一方面，深刻影响了村镇的就业结构。使全国农村直接从事农业生产的人口数量显著下降，而服务于农业的非农产业就业人数高于农业就业人口5～6倍。就业结构的升级，带来村镇人口的直接变化：人均收入显著提高；就业多元化和收入来源多元化趋势明显；对专业技能的需求提高，平均受教育程度和科研成果转化率提高。

3）完善政策引导、金融服务等保障性措施。

美国发达、健全和多渠道的金融体系同样服务于农业。美国构建农村金融体制的基本原则是为农业发展提供资金支持。目前，美国农村从整体上形成了多层次、全方位的金融体制，包括政策性农村金融体系、农村合作金融体系和农业保险体系。农业生产可以得到包括农村信用体系、政府信贷、商业银行、保险公司、私人及其他金融机构等信贷支持，为农业融通资金，满足农业发展的各种资金需要，为农业现代化提供了充分的资金保障。

除金融保险扶持外，农业发展的保障更多得益于美国政府采取的立法支持、直接投入、生产补贴、税收优惠等政策强有力的支持和干预。如2002年通过的《农业安全与农村投资法案》要求6年内财政对农业的支持要达到1185亿美元。2008年的《农业法案》将2008～2012年的农业补助金额提高到2900亿美元，扶持和补贴范围由对玉米、小麦、大麦、大豆、棉花等基本农作物的补贴扩大到水果、蔬菜等经济作物。美国政府对农产品生产的补贴占到生产者总收入的15%～24%，政府对农产品生产的补贴已成为农场主收入的重要来源之一。政府还为农户提供有关市场信息、农产品政策、出口对象国贸易政策、环境、运输、检疫、卫生标准等多方面的信息，以帮助扩大生产与出口。

除扶持与资助外，政府更担当着管理者的角色。在充分发挥市场功能促进农业发展的过程中，政府起到正确引导而不是支配的作用。首先表现为制定农业质量标准体系和监测监管体系，保证农业品质。其次逐步完善农业生产、营销的行业标准、法律体系，建立有序的市场，使农业在安全的环境中，按照市场经济规律运营，充分发挥企业的能动作用和市场的调节作用。此外，对生态环境进行保护，严格监管农业生产的环境破坏行为，引导农业生产减少化学药剂的使用，鼓励使用有机肥料和生物农药，保证产品安全，遏制生态环境恶化。

（2）资源紧缺发达国家的村镇产业发展：以日本为例

1）传统农业科技化改造，改造农业生产环境

日本作为岛国，国土面积仅占世界陆地面积的0.27%，而人口却占世界人口的1.8%，属典型的人多地少的国家。日本又是自然资源较贫乏的国家，山地和丘陵占国土面积的80%，土壤较为贫瘠，农业生产条件不佳。加之农村青壮年人口大量外流，城市人口占总人口的78.92%，农业劳动力资源不足，高度城市化进程中粮食安全保障和农业生产压力严峻。因而，日本选择用先进的科学技术改造传统农业，创造了全新的农业生产模式。

日本在全国建有由国立和公立科研机构、大学、企业三大系统组成的农业科研体系，研究内容涉及生物、环境、畜产、产品加工、消费、流通等各个领域，对全国性农业改造、地区性农业生产、不同品种的生产和营销提供技术保障。政府投入大量资金资助农业科研，2000年前后，日本政府和地方政府的农业科研经费已占农业国内生产总值的2.2%左右。此外，日本充分利用科研机构、农业科技公司、社会非营利性组织等多种形式，多层次、有重点地培养农业科技人员，保证农业科研队伍的规模和创新能力。

结合国情，日本利用先进技术发展以实现生产经营的低成本高效益、确保产品质量或减轻环境负担等为目的精准农业，将自动化、信息化和智能化等最先进技术及集成系统应用于现代农业的先进生产和管理方式，已成为21世纪农业的重要发展方向。此外，实现农业机械化并加速农业装

备的智能化，为改造传统农业提供机械装备保证。目前已实现了水稻作业全部机械化，正在将3S技术及智能机器人等智能化技术应用于高效、精准农业。

2）"一村一品"，推进村镇特色产业发展

20世纪70年代末，日本推行的"造村运动"，强调对村镇资源的综合、多目标、高效益开发，以创造乡村的独特产业特色和地方优势，从而培育乡村发展的内生动力。这场运动彻底改变了日本乡村的产业结构和市场竞争力，其中最具代表意义的"一村一品"运动。它确立了土地使用制度和农民组织制度，完善了农业金融制度和流通制度，强调培育特色产品，将优势资源转化成优势产品。大部分县经过这场运动，提高了产品在国内和国际市场的知名度和影响力。

"一村一品"讲求创新，打造知名品牌。大分县开展"一村一品"运动后，其主导产品数量从当初的143种增加到20年后的336种。其中津久见市气候温暖，盛产橘子，但当地橘子质量差，没有销路。通过科技创新培育了柑橘新品种"山魁"，这一品种果汁多，味道酸甜，被喻为"太阳女神"，进入市场后非常畅销。政府明确工作定位，科学引导，适当扶持，在特色产品的生产、开发、扩大销售渠道等方面给予了很大的支持。如成立"大分县农业技术中心"、"大分县温泉热花卉研究指导中心"及"大分县香菇研究指导中心"等各种科学研究机构。在开拓和扩大销售渠道方面，采取了各种支持手段，如在全国各地举办产品展示会。

同时，发展加工工业，增加农产品的附加值。一来使加工品本身作为商品扩大其经营基础；二来把剩余的一次产品和等外品交付加工，消除了生产过剩的顾虑，有利于一次产品的培育；三来多品种小批量的加工为解决本地劳动就业提供了很多渠道。通过产品的差异化、多样化来适应市场需求，生产、加工、销售走向良性循环。

3）先行探索第一、第二、第三产业相融合的"第六产业"

"第六产业"是一种现代农业的经营方式，这一概念最早是在1996年由日本东京大学名誉教授今村奈良臣提出的。"第六产业"不仅包括初级农产品的生产过程，还包括食品加工、肥料生产过程以及流通、销售、信息服务等过程，从而形成了集生产、加工、销售、服务一体化的链条。通过"第六产业"的有效运作，农民能够和不同领域的人员密切合作，有利提高产品的文化附加值和科技附加值，从而缩小农业与其他产业的收入差距。具体来说，"第六产业"的发展战略主要包括以下内容：

①全面规划"第六产业"的相关事项，纲要政策与财政措施相结合。从产品附加值、流通效率、国际合作、资源环境、食品安全以及环境技术革命等六个方面对"第六产业"的未来发展进行了规划，涉及农工商业合作、知识产权保护、品牌化战略、饮食文化、生物科技、食品信赖度等多个方面，对"第六产业"的发展进行了全局性、整体化的安排。

②大力推进农工商业协作发展。在中央积极展开食品产业以及农林水产业的实地调研，积极推广农工商业协作的典型事例、支援措施、研修会以及产地信息等，在地方则提供以食品产业为核心的产地信息，促进信息的交流。制定全国食品产业开发战略，促进产学研合作，开展区域性农业技术开发合作，召开农工商协作的技术介绍交流会以及对实施地域食品的品牌化提供技术指导。

③推进农产品的品牌化战略，注重知识产权的保护。利用先进的栽培和加工技术，使用新素材，在保证食品安全的同时，将农产品商品化。提供对地区品牌化过程的协助，对生产、品质管理以及营销进行管理，召开生产者协议会，推进产品的品牌化，并加强对农林水产的知识产权的保护。

2 国内典型区村镇产业发展模式

（1）山地丘陵地区村镇发展模式

1）土地整治带动型

首先通过加强农村产业发展的基础设施建设，如加强水利及交通建设、实行土地整治，形成产业发展的"硬件"设施，然后在此基础上因地制宜培育主导产业或发展特色产业。该模式主要适用于农村产业基础是十分薄弱，产业发展滞后的地区。

典型案例分析一：马沙沟村位于保定市阜平县王林口乡，全村山场面

图3-2-2　马沙沟村土地整治项目现场图

积5600亩，其中水浇地175亩。2014年，马沙沟村通过引进种植企业进行土地整治，然后在新平整用地上进行核桃种植。

合作种植企业首先针对山场用地进行土地整治，得到适合种植的平整土地2600亩。然后根据新增用地中不同类型用地的不同收成，向村民共支付104万元的租金，农民年人均收入增加2600元。

在新平整土地上，企业进行核桃种植。在种植前期（2013~2017年），考虑到核桃的成熟期和收益期，这一段时间村民没有分红收益，仅有土地租金收益。计划2018年开始村民将土地作价入股，年终参与分红。根据协议，每一亩农民最低享有400元的收益，如果企业无法达到这一约定，马沙沟村有权将土地和相关生产机械收回。除此之外，农户还可以通过到种植园区打工获得务工收入，工作内容包括除草、浇树、施肥等。在马沙沟村中，全村大约25%的壮年劳动力有能力进园打工，其平均打工收入为8000元/人·年。

马沙沟村的该产业模式对农村、农民的效益较大。首先，通过土地整治以及土地出租，农民获得每年2600元/人的土地租金收入；其次，通过与企业合作，农民可获得分红收益，且在无法获得分红收益的情况下可以收回生产资料，保证收益不受损。

典型案例分析二：四川成都市蒲江县西来镇两河村通过城乡建设用地增减挂项目积极推进农村社区建设与基础设施提升工程，在增加耕地资源的同时，完成了新村建设。

同时，该村按照"三基地一家园"的发展思路，着力发展建设2000亩优质柑橘基地、800亩优质猕猴桃基地、200亩优质冬草莓基地，年产值5700余万元。以两河果品专业合作社为依托，实行规模经营、统一管理、

图3-2-3　两河村土地整治与新村社区建设、林果休闲产业发展

抱团发展，实现农户收益最大化。目前专业合作社吸纳农户576户，覆盖率达94%。

此外，两河村依托农业产业生态优势，大力发展乡村观光休闲产业，实现年旅游收入50多万元，外出务工收入800多万元，2014年，全村人均增收4670元，人均纯收入30980元，形成了具有地域特色的产村融合新模式，一三互动新格局。

2）特色农产品带动型

特色农产品带动型是指依托当地具有主导优势的农产品，通过"农户+企业+基地"、"农户+合作社+村集体"、"农户+合作社+企业"等形式，实现农产品规模化、专业化生产，延长农业产业链条，拓宽产品销售渠道，由此带动当地产业发展的模式。

图3-2-4　泽青芪业主要生产产品

典型案例分析一：山西省大同市浑源县是中药材——黄芪（浑源黄芪称为正北芪）的主产区之一。浑源黄芪，产于北岳恒山，历史悠久，是国内重要的绿色保健品种，也是我国外贸出口的名贵药材，成为当地的主导农产品。泽青芪业开发有限公司，位于浑源县西留乡。该公司成立于2001年，是一家以黄芪种植基地建设为主、融黄芪收购、加工、销售以及家畜养殖为一体的企业。

2013～2015年，该公司共获得省市政府扶持资金173万元，用于支持公司扩大生产规模。公司对当地产业发展的带动主要通过两种方式：一是建立黄芪种植基地，通过基地建设吸引当地人口在基地就业，实现黄芪的规模化、绿色种植；二是通过企业提高黄芪收购价格刺激、鼓励农户自家种植黄芪。通过这两种方式，当地黄芪种植规模大大增加，并依托公司形成集黄芪种植、加工、销售于一体的产业化发展模式。

该公司目前已在基地种植黄芪3.6万亩，计划将来种植总面积达6万亩。产品主要销往东南亚市场，黄芪售价为1000元/公斤，其在国内销售的产品售价为600元/公斤，2014年公司营业额达2800万元。黄芪种植基地对劳动力需求量较大，一般每人每年可在公司获得2万元工资。企业收购农户种植的黄芪的价格约为15元/斤，当地农户每种植1亩黄芪，可获得黄芪600～1000斤，可收入人民币8000元左右，目前已带动2000户左右农户进行黄芪种植。

典型案例分析二：水貂养殖是河北省保定市阜平县特色养殖产业之一，具有投资小、周期短、效益高的优势。阜平县王林口乡从1974年开始养殖水貂，经历了以大队养殖为主到农户自主养殖的转变。由于当地长期缺乏

图3-2-5　阜平县恒泰水貂养殖场现场图

科学化养殖技术，单户养殖水貂收益逐年下降。在此背景下，当地引进恒泰水貂养殖公司，实行"农户+龙头企业"形式，采取"统一供种、统一供料、统一技术、统一销售"、"园区养殖、分户养殖"的方法，逐渐扩大了水貂养殖产业规模。

通过"农户+龙头企业"的合作形式，当地农户在养殖公司每人可饲养水貂2000只，其中场地、技术、养殖均由公司来提供。并且，农户以资金入股，公司按照"保底分红、利益分享"的方式，确保每个入股农户在5年内每年享有500元的保底分红，在经营效益较好情况下，农户与企业共享额外收益。在"分户养殖"的方式中，公司与农户签订了100户的养殖合同，向贫困户免费供种、每年9月份水貂出栏后以保底价格统一回收，实现农户与企业的合作共赢。

典型案例分析三：黄姜是提取皂素的原料，皂素被誉为"医药黄金"，在医药用途方面具有不可替代性。黄姜市场前景广阔，发展潜力巨大。陕西省山阳县处在黄姜适生区域，具有规模种植的得天独厚的优越条件。

2001年，金川封幸化工有限责任公司于陕西省山阳县漫川关镇前店子村成立。公司按照"政府引导、政策扶持、企业共建、企业运作、群众参与"的模式，建成了黄姜皂素清洁示范生产线。近年来，当地实行"公司+农户+合作社"形式，形成了村企共建黄姜种植合作社13个，建成千亩黄姜基地32个，群众土地流转入股1300亩。此外，该公司另与其所在地漫川镇周边县域，乃至临近的陕西与湖北省接壤地带建立黄姜种植基地30多万亩，与百余个村组黄姜种植合作社签订订单收购合同17万亩，带动姜农6万户，解决劳动就业300余人，实现农户人均增收3000元。

目前，该公司年产皂素1000吨，加工鲜黄姜约20万吨，实现年销售收入8.5亿元，税收3600万元，获利1.2亿元。公司被陕西省政府确定为陕南循环经济发展示范企业，且成为全国最大的黄姜皂素清洁生产标准化企业。

3）加工制造业带动型

特色加工制造业带动型农村产业发展模式，是指当地依托自身优势资源，如丰富农产品、充足劳动力等，借助当地产业发展基础，加强当地农产品的加工或发展其他制造业。该模式适用于具有某种优势资源或经济条件较好、具有一定产业基础的地区。

典型案例分析：河北省阳原县具有悠久的皮毛文化历史，皮毛碎料加工技艺是县域皮毛产业的发展优势。当地根据该产业发展基础及优势形成了多个皮毛产业重点乡镇、专业村。

屈氏皮草有限责任公司，位于阳原县县城。公司成立于2004年，生产水貂皮毛、狐狸皮毛和皮草服饰等产品，远销韩国、西班牙、美国、意大利等国家。为了保证产品原材料的数量及品质，该公司于2015年企业成立了集水貂、貉子、狐狸、獭兔等多种皮毛畜种的养殖基地，占地500亩，养殖规模达4万只，形成了养殖、加工、生产、销售的完整产业链。

图3-2-6 阳原县屈氏皮草有限责任公司工作车间现状图

图3-2-7 阳原县屈氏皮草有限责任公司工作流线示意图

该产业的发展主要通过三种途径，一是实现原材料的规模化生产，阳原县政府向企业注入扶持资金用于养殖基地建设，之后由企业招聘农户进入企业统一集中养殖，提供统一的技术、防疫、饲料等；二是通过股份合作制获取发展资金，农户通过入股形式获取企业分红收益，企业也通过此形式解决资金短缺问题；三是充分利用当地劳动力优势，企业向农户提供水貂皮、獭兔皮、狐狸皮等原料，由农户进行成衣生产，然后企业统一收购并销售。

通过该产业发展，当地农户仅在企业打工工资一项便可获得约3000元/人·月，有力地促进了当地经济发展及农户生产水平提高。

4）乡村旅游带动型

乡村旅游带动型农村产业发展模式，是指以具有乡村性的自然和人文客体为旅游吸引物，依托农村区域的优美景观、自然环境、建筑和文化等资源，开展农村观光游、休闲游、体验游等旅游形式，由此带动农村种植业、服务业等发展的模式。该模式主要适用于当地具有某种特色旅游资源、可进入性较强的农村地区。

典型案例分析：河北省阳原县大田洼乡，是泥河湾古人类遗址之一。当地紧抓阳原县发展泥河湾文化的机遇，配合上级政府投资建设的地质公园、考古研究中心、科研科普基地等建设，投资建设了旅游观光道，进行花卉种植、杏扁种植，并开展农产品采摘等农家乐活动，由此带动了当地花卉种植业以及服务业的发展。

图3-2-8　泥河湾古人类遗址乡村旅游开发图

（2）城市近郊区农村产业发展模式

都市近郊区的农村具有临近城区的地缘优势，是都市发展的基地，为城市发展提供各类生产要素支撑。随着近年来城市化进程加快，城市人口增加，生活压力增大，城市居民产生了对宁静的乡村生活的渴望。在此背景下，都市近郊区农村产业发展模式也相应地发生了由生产型向消费型、服务型的转变，表现为观光休闲农业的迅速发展。

观光休闲型农业是指以农业和农村为载体，利用田园景观、自然生态及环境资源等通过规划设计和开发利用，结合农林牧渔生产、农业经营活动、农村文化及农家生活，从而形成的集观光、休闲、度假、教育等于一体、农业与旅游业相融合的产业发展模式。该模式实现了都市近郊区农村地缘优势、资源优势向经济优势的转化，有利于现代农业、多功能农业的发展，实现了产业的"接二连三"发展，为当地农民提供了更多的劳动就业机会。

典型案例分析：北京市平谷区挂甲峪村历史文化悠久，因宋代名将杨延昭抗辽凯旋在此挂甲休息而得名。改革开放以来，该村建成了通往村外的、全市第一条山区柏油公路，并通过实行"五上山"，即道路修上山，水利蓄上山，优质大桃栽上山，再生能源用上山，科技文化跟上山使当地基础设施条件得到较大改善，居民素质有了一定提高。在此之后，挂甲峪村继续实行新的"五上山"工程，即电信网络布上山，文体项目建上山，有机果品推上山，旅游客人游上山，生态别墅建上山。当地居民进行各类瓜果蔬菜种植，开展观光及农果采摘活动；整齐、洁净的农家小院为游客提供了良好的餐饮及住宿条件；当地还修建了其他文化娱乐设施，满足游客多种休闲娱乐需要。目前，挂甲峪村被评为北京最美丽的乡村之一。

（3）国内外经验的几点启示

1）遵循市场规律。市场的需求是农民生产的动力和基础，因此，第一，要把市场放在首位，发展农业产业化经营。农民和农产品加工企业要提高自身产品的竞争实力，提高农产品的科技含量，树立质量第一的意识。第二，企业和农户的所有经营方式和行为都要从市场出发，重视社会消费需求的变化，注重市场调研，重视市场营销。第三，要积极开拓国内和国

图3-2-9　挂甲峪新农村社区、农家乐与山地林果业

际两个市场。不仅要着眼于国内，而且要放眼国际，在国际大市场上找出路，特别是要抓住入世的有利时机，大力实施农业产业化工程，以龙头企业带动千家万户，发挥品牌效应，积极抢占国际市场。

2）重视农业科技发展和推广。农业科研应重品牌重质量，一个新品种开发后，应不断进行后续改良，在抗病虫害、促高产、提高营养价值等方面发挥优势。农业科技应注重实际应用和推广。各种发明力争应用于在日常产品的生产过程，推动民众日常食品质量的不断改善，使科技成果惠及所有国民。同时，降低科技转化的门槛，健全方便、高效的科技成果转化机制，政府发挥积极引导作用，通过鼓励、资金补偿、制度保障等多种方式，减轻农民在使用新技术、新品种时的经济负担，解除农民使用科技成果的后顾之忧。

3）注重产业融合，创新农业生产经营方式。积极借鉴"第六产业"的发展理念，通过实地调研，针对性地调查某些区域内"第六产业"集群的培育条件、发展状况、工商资本的介入、农户收益等相关情况。从基本国情出发，建立有关多产业融合、区域发展集群的农业发展理论，扩展农业的内涵和外延，从产业融合角度来发展现代农业，增强农产品的国际竞争力，增强村镇产业的多元化和综合发展实力。

3 不同类型区村镇产业选择及培育方向

（1）发展绿色农业，促进村镇农业经济绿色化、生态化

绿色农业经济是基于农业经济发展基础上的一个全新的经济发展方式，应该归属于农业经济发展的范畴，同时它又是传统农业经济的一种创新，是冲破传统农业经济藩篱的一种全新的农业经济发展形式。绿色农业经济发展方式将是农业经济发展的更高层次和必然趋势，是社会发展和市场需求相结合的必然产物。

目前全国国家级生态农业项目示范县已经达到350个，全国10个地市开展了生态农业建设。预计在2011～2030年分四批建设600个国家级生态农业项目示范县和60个生态农业地市，使全国一半以上的区域实践生态农业。同时加大绿色食品的投资力度，扩展绿色食品建设范围，促进绿色农业经济的快速稳定发展，力求把农业发展、保护环境、增进人们身体健康有机地结合起来。选择自然环境较好、生态标准较高的地区，先行建设绿色农业生产基地示范。根据市场需求选择抗病能力强、市场竞争力强的优势农副产品，以试点引领基地建设，以基地推动区域绿色农业经济发展。以产业龙头示范带动为引领，形成生产、加工、销售一条龙的经营链条，不断增强绿色农业经济实体的核心竞争力和市场竞争力，向规模化和产业化方向发展。

（2）以农民专业合作社为载体，大力发展新型农业经营经济

大力发展农民专业合作社是发展现代村镇产业，建设社会主义新农村的重要举措；是创新农业经营体制，发展适度规模经营的重要载体；是开展信用合作的新生力量；是农业科技成果转化的重要途径；是新型农业社会化服务体系的基础。

鼓励发展专业合作社、股份合作社等多种形式的农民合作社；重视对小规模农户主体的政策性扶持，使得有条件农户发展成为家庭农场。家庭农场是指以家庭成员为主要劳动力，从事农业规模化、集约化、商品化生

产经营，并以农业为主要收入来源的新型农业经营主体，必将随着农业组织化、产业化、专业化和土地流转市场化的发展而日益壮大。加快农业与农村体制机制创新，鼓励发展混合所有制农业产业化龙头企业，推进其集群式、专业化发展，稳定建立企业与农户、农民合作社的利益共同体，鼓励发展、大力扶持我国家庭农场，以及专业大户、农民合作社、产业化龙头企业等新型农业主体。

培养造就新型农民队伍。把培养专业型、职业型的青年农民纳入国家实用型人才培养计划，确立长期的发展战略，深化改革、建立健全教育与科技创新体系，确保中国农业文化传承、后继有人。当前，要重视建立适合我国城乡转型发展特点的农村金融体系、农业经营体系，要把加快培育新型农业经营主体作为一项重大战略，以吸引新一代年轻人务农、培育职业型新型农民为重点，做好中国农业可持续发展的主体创新顶层制度设计，建立中国特色的爱农村、懂技术、善经营的新型农民主体队伍。

（3）鼓励农民工返乡创业为导向的返乡创业经济

目前，全国有1.2亿农村劳动力外出务工，有近500万农民工返乡发展现代农业，创办工商企业。据有关部门测算，农民工返乡创办的企业总数约占全国乡镇企业总数的20%。尽管目前返乡创业的人数还不算多，但这些人能量大、创新精神强，代表着农村先进生产力的发展方向，对农村经济社会发展的影响越来越大。农民工返乡创业带回了先进生产力，返乡农民依托打工掌握的各种资源与家乡的各种资源进行整合，从事特色规模化种植业、养殖业及农副产品加工业，他们带回了家乡缺乏的技术和市场信息，起到了相关技术的示范、推广等作用，拓展了农村经济和产业发展的空间，改善了农村的产业结构。农民工返乡创办的企业多属劳动密集型行业，为当地农民提供了容量大、门槛低、易接受的就业渠道。农民工返乡创业形成了以工促农的有效载体，创业者通过吸纳农业富余劳动力扩大了农业的规模经营，通过对农业资金支持提高了农业的技术装备水平，改善了农业的基础条件，带动农业生产向产业化、规模化、专业化、标准化方向发展，成为"以工促农、以城带乡"的重要载体。针对农村劳动力转移的新变化，应及时调整工作重点，推动农村发展跃上新台阶。

（4）农村养老服务经济

目前，我国60岁以上老年人有1.7亿，占总人口比例的13.26%，其中农村老年人口数已经超过1亿。应对"未富先老"的挑战，解决"空巢"老人的实际需要，不仅关系到上亿老年人的幸福，也关系到亿万个家庭的和谐。老年人口在农村的分布较多，农村老龄化问题日益显现。老龄化问题已为农村地区的医疗、住房、社会管理等造成了巨大压力。据有关机构数据显示，2010年，我国乡村、镇、城市的老龄化率分别为14.98%、12.01%、11.47%，乡村地区比城市地区高3.51个百分点。此外，国老龄工作委员会办公室发布的《中国老龄事业发展报告（2013）》指出，2013年我国老年人口数量将达到2.02亿。据此分析，未来几年，我国农村人口老龄化程度的增长速度仍将持续加快。

与老龄化趋势不相适应的是，养老设施建设却出现严重滞后，现有设施基本无法满足老年人的养老需求。特别是在一些贫困农村地区，养老体系建设并不完善，养老基础设施和养老设备十分匮乏，老年人需要养老设备时需去市区购买，市场缺口特别大。随着我国老龄化问题和养老产业发展中存在的问题的日益凸显，国家已经意识到了加快养老产业发展在经济发展和民生建设中的重要性。将进一步加快农村养老基础设施建设，尽量满足农村老年人的养老需求。

农村地区地广人稀，人口密度相对小，生态环境好，适宜老年人居住。在充分具备良好医疗设备和养老设施的基础上，会吸引大量城市老龄人前去养老，养老设备、养老院、养老地产等行业将会快速发展起来。此外，农村养老保险已在农村地区广泛推广，农村老人的养老问题将进一步得到国家保障。广大的农村地区势必将成为我国养老产业发展的热点地区。

（四）村镇产业创新发展保障措施

1 不断推进城镇化和村镇化

建设小城镇，发展中小企业，让吸纳劳动力六倍于大企业的小企业大发展，以增加就业和农民的非农收入，同时带动农村整体收入的增加。要实现这样的局面，就需要打造让小企业适合生存的集聚地，这个集聚地一定要通过基本建设来形成，所以下一步的投资重点应该向建制镇或中心镇倾斜，因为镇是中小企业最低门槛的集聚地。具体而言，一方面要和城镇化战略相结合，另一方面要注意结合地方特有的资源禀赋，充分发挥地方特色和优势，探索适宜地方发展的产业化道路，使三次产业融合，突出环境友好性、生态多样性、产业多元性、发展地方性。

依托小城镇发展农村第三产业。小城镇是农村工业发展的重要载体和依托。第三产业的发展是以一定规模人口和集聚为基础的，发展小城镇有利于改变乡镇企业过于分散的局面，形成聚集效应，走集约经营之路。具体措施有：（1）统筹规划，合理布局，要把城镇建设同工业小区建设、市场建设结合起来，形成城镇的规模效益，促进农村第三产业的发展。（2）鼓励和吸引周边农民进城定居和从事非农产业，把农村个体私营户从零星分散聚集到城镇，扩大规模，促进小城镇的发展。（3）多方筹集资金，加快城镇化建设，大力推动文化娱乐、金融、饮食服务、商业、房地产、邮电、通讯、科技教育等第三产业的发展。

2 加强政府财政支持

（1）加大政策资金扶持力度

在稳定现有各项农业投入的基础上，新增财政支出要切实向农业、农村、农民倾斜，逐步建立稳定的农业投入增长机制。一是增加对农业的投入。各级政府应进一步调整财政支出结构，大力增加农业投入，在保持对基础设施建设投入比例不降低的同时，提高同级财政对产业扶持的支出比例，重点培植农业产业化经营龙头企业，加强农副产品批发市场建设。二是制定切实可行的村镇产业发展规划，及时把握国家产业发展的重点，打造符合国家发展政策、适合本地特点的产业项目，争取政府和社会的资金支持。三是加强资金监管，切实发挥政策资金效益。开展经常性的监督检查，强化村镇产业专项资金的管理，并通过建立村镇产业专项资金激励约束机制，推行"以奖代投"的政策资金使用办法，将有限的资金投入到产业化建设中去，提高资金使用效益，加快村镇产业发展。

（2）增强村镇招商引资力度

加大村镇招商引资力度，鼓励各方面投资村镇产业，以突破村镇产业发展资金瓶颈，加快推进农业产业化进程，和村镇产业多元化进程。第一，村镇宜把握独有的自然资源特色，突出资源招商，重点发展高品质、高效率农业生产，发展农产品加工业，以加工带产业，已加工促增值。第二，各级政府宜积极引导社会资金投入村镇产业园区、产业基地建设。从国家战略到地方政策的制定，应突出村镇产业园区化的支持力度，营造开放、公平、高效的村镇产业园区投资环境，引导各投资主体以多种方式投资规模种养产业基地和特色加工制造产业基地的建设。第三，各级政府和管理部门宜建立投资规范，对招商引资项目的推介和实施进行监管，保障投资者和村镇居民的利益。通过优惠政策的制定，鼓励农户与招商引资企业之间建立契约型、服务型、保护型、返利型、合作型、合股型等多种形式的利益联结机制，促进村镇产业的全面发展。

（3）健全现代村镇产业体系

通过科学的研判和谋划，适当集中建设资金，突出支持重点区域、重点领域、重点产业的发展，促进村镇产业结构不断优化升级。一是各种用于农业的资金要集中向粮食生产倾斜，重点支持优势产业、优势区域、优势品种的粮食生产。二是通过规划引导、政策支持、资金扶持、示范带动等措施，促进优势农产品向优势区域集中，形成一批有强大市场竞争力和长久生命力的农产品产业带和产业区。三是通过项目资金直接注入、财政贴息借贷、政府合理补助等形式，重点支持农产品加工、运输、营销服务等产业的发展，发挥龙头企业在引导农民发展现代农业和促进农民增收中的带动作用。四是挖掘村镇特色资源，在有能力的地区建立村镇特色旅游服务产业，带动第三产业的发展，实现村镇产业的多元化发展。

3 广泛发展村镇生产组织

（1）创新农民家庭生产组织形式

在现阶段，我国农村家庭经营仍然是最普遍的一种生产组织方式（吴玲，杨成乐，2008）。然而，农民家庭经营的面临土地细碎化、分散化问题，难以满足现代农业规模化、集约化的需求。这就需要对农民家庭生产组织形式进行创新和完善，在保证农民对土地占有权不变的情况下，加强农民家庭之间的"联合与合作"，将小农经济条件下分散化农民家庭组合成市场经济条件下规模化的种粮大户，风险分散，利益分摊，有效地满足了农业现代化的发展要求。

（2）完善农业生产服务合作社运行体制

农业生产服务合作社在农业技术推广、农民培训、农业经营信息共享方面具有天然的优势，农业合作社的组织化生产和社会化服务程度对于推进农业产业化进程和提高农业生产率有着至关重要的作用。我国农业生产服务合作社起步晚、发展快，暴露出组织结构混乱、服务质量差、专业素养低等问题。从农业现代化发展的长远出发，不断完善农业生产服务合作社的运行体制，形成目标明确、组织严密，知识完备，服务优质的农业生产组织，为农业现代化的发展提供服务保障。

（3）加强农民协会的管理机制

农民协会代表了农民的权益，加强对农民协会的管理和指导，提升农民协会的服务水平，拓宽农民协会与政府的沟通渠道，可以更好地了解农民的诉求，同时在提供农业技术培训，市场信息决策，传递政府意愿方面，农民协会具有不可替代的作用。大力发展农民协会，提高农民协会的组织化程度和管理水平，将为农业现代化发展提供强有力的组织保障。

4 依托科技力量与加强人才保障

（1）建立健全科技和人才服务体系

采取措施，不断创新服务方式、服务手段和组织形式，将服务业向技术集成、产品设计、工艺配套以及指导企业建立治理结构、健全规章制度、完善经营机制等领域拓展，推动成都市科技和人才服务体系有效应用现代科学技术，充实服务项目的技术内涵，满足日益多样化、系统化、高层次的科技服务需求。

加强科技中介机构与科研机构、高等学校、其他中介机构的联合与协作。充分利用科研机构、高等学校的专业知识、人才优势和技术开发、检测、中试设施，作为开展科技中介业务的重要支撑。与法律、会计、资产评估等服务机构和投融资机构协调配合，相互集成，为科技创新的全过程提供综合配套服务。

建立公共科技信息平台。打破各种服务体系和相关机构之间的封闭现象，整合政府部门、科研单位、信息研究分析机构的信息资源，建立公共信息网络。各级科技管理部门要向科技中介机构开放科技成果、行业专家信息，为其提供及时、准确、系统的信息服务。

建立稳定的投入渠道。选择有实力、有行业优势的科技中介组织，在共用技术开发平台建设、服务设备购置、从业人员培训等方面加大支持力度，打造精品服务项目，提升服务质量和水平。择优扶持一批科技中介服务组织，提高其技术、人才、项目论证、实施策划和效果评估能力；加速科技和人才服务体系的企业化、市场化、产业化和国际化进程。

（2）推动科技基础设施建设

在机构层面上完善科技创新人才激励机制。综合运用分配杠杆、产权分割、社会价值和人才评价等方式，进一步完善科技人才激励机制。鼓励企业完善分配制度，建立健全科技人员按贡献参与分配，以及通过合约享有专利发明权益的激励机制，充分调动科技人员的创新积极性。在系统层面上优化创新政策环境。认真贯彻落实国家、省激励自主创新的各项政策。结合地方实际，制定促进企业加强自主创新的措施。加大科技投入。建立政府引导、企业为主体、金融机构及其他力量参与的多元化、多渠道科技投入体系。完善创新服务体系。大力发展技术转移、技术产权交易、风险投资、创业孵化及技术经纪等创新服务机构，完善科技公共服务平台。加强高等院校、科研院所等技术转移中心建设，拓宽科技成果转化渠道；完善技术产权交易市场，创新交易模式和运作机制，创建技术产权流通平台。

三　不同区域城乡一体化模式与机制研究

（一）城乡一体化现状与主要问题剖析

1　城乡一体化概念及认识误区

（1）城乡一体化的概念

城乡一体化的思想早在上个世纪初就已经产生了。我国在20世纪80年代末期，由于历史上形成的城乡之间隔离发展，各种经济社会矛盾出现，城乡一体化思想逐渐受到重视。近来许多学者对城乡一体化的概念和内涵进行了研究，但由于城乡一体化涉及社会经济、生态环境、文化生活、空间景观等多方面，人们对城乡一体化的理解有所不同。

社会学和人类学界从城乡关系的角度出发，认为城乡一体化是指相对发达的城市和相对落后的农村，打破相互分割的壁垒，逐步实现生产要素的合理流动和优化组合，促使生产力在城市和乡村之间合理分布，城乡经济和社会生活紧密结合与协调发展，逐步缩小直至消灭城乡之间的基本差别，从而使城市与乡村融为一体。

经济学界则从经济发展规律和生产力合理布局角度出发，认为城乡一体化是现代经济中农业和工业联系日益增强的客观要求，是指统一布局城乡经济，加强城乡之间的经济交流与协作，使城乡生产力优化分工，合理布局、协调发展，以取得最佳的经济效益。

规划学者是从空间的角度对城乡接合部做出统一的规划，即对具有一定内在关联的城乡物质和精神要素进行系统安排。

生态、环境学者是从生态环境的角度，认为城乡一体化是对城乡生态环境的有机结合，保证自然生态过程畅通有序，促进城乡健康、协调发展。

有的学者仅讨论城乡工业的协调发展，可称为"城乡工业一体化"。

虽然上述城乡一体化的概念有所差异，但归纳起来普遍的提法应是

"以城市为中心、小城镇为纽带、乡村为基础，城乡依托、互利互惠、相互促进、协调发展、共同繁荣的新型城乡关系"。

（2）城乡一体化认识误区

当前在城乡一体化问题上有几个误区需要纠正：

误区之一：城乡一体化就是城乡一样化

城乡一体化不是城乡一样化。城市和乡村有许多不同之处，并且有本质的区别。实现城乡一体化，根本目的是为了打破城乡二元经济、社会结构，实现城乡融合，实现共同发展、共同富裕，而不是为了城乡一样化。城乡各有各的特点和职能，二者相互依存、互为补充、不可替代。城、乡应实现资源共享，优势互补，共享改革发展成果，共同繁荣。

误区之二：用建设新农村替代城乡一体化

城乡一体化与建设新农村是两个完全不同的概念，城乡一体化是我国为了加快推进现代化进程、打破城乡二元结构而实施的重大战略，根本目的是为城乡提供平等的发展权力和发展机会，使城市和乡村、市民和农民共享发展成果。城乡一体化包括新农村建设，是解决"三农"问题的根本途径。两者是整体和局部、相辅相成、互相促进、共同发展的关系。城乡一体化工作搞好了，必定能带动新农村建设；新农村建设搞好了，必定能促进城乡一体化发展。

误区之三：用农村城市化代替城乡一体化

城乡一体化并不是农村城市化。由于农业是一个国家的基础产业，所以农村和农民是不可能取消的。加快形成城乡一体化新格局，其实质是指相对发达的城市和相对落后的乡村，打破相互分割的局面，逐步实现人口、技术、资本、资源等生产要素的合理流动和优化组合，促使城乡在经济、社会、文化、生态上协调发展，逐步缩小直至消灭城乡之间的基本差别，从而使城市和乡村成为一个有机整体，相互之间实现资源共享、优势互补。在这个过程中，并不是要在城市一体化中消灭农村，不是用城市取代农村，而是用新农村取代旧农村。

误区之四：消灭村庄，向国内外资本流转土地

城乡一体融合发展是建立城乡协调关系的重要内容，然而，在实际操

作中，部分地区存在着成片消灭村庄，国内外资本联合吞并农村的现象。这种情况导致大城市的无序扩张，可持续性下降，也导致附着在农村的文化遗产消失。中国城乡在几千年自组织过程中形成的有序的空间组织格局正在遭受前所未有的破坏。中国是一个有着悠久历史的大国，亚洲"四小龙"及欧美城乡空间组织格局并不完全符合中国，盲目引进模仿必将毁坏中国民族悠久的文化历史及合理的空间组织格局。

综上所述，中国的城乡一体化必须防止进入各种误区，不能仅讲短期利益，忽视长远利益；更不能仅讲经济逻辑，忽视社会逻辑和人文哲学逻辑。否则，中国城乡一体化的发展将会走入歧途，影响中国的长远发展与战略布局。

2 我国城乡一体化评估和空间差异分析

自改革开放以来，我国社会经济快速发展，城镇化和工业化水平显著提高。但长期以来城市发展对农村资源的掠夺和对农业、农村发展的忽视，导致农村地区发展缓慢落后，城乡差距进一步扩大。表现最为直观和显著的是城乡居民人均收入比由1978年的2.57扩大到2008年的3.31，尤其是21世纪以来城乡收入差距扩大的趋势更加明显[3]。由此看来，我国城镇化的发展并未有效带动乡村的发展，城乡之间各方面的差距有加大的趋势。因此，研究我国城乡一体化整体发展水平以及区域差异性，是保障城乡协调可持续发展，实现城乡一体化亟须解决的科学问题。

借助GIS平台，以更能体现城乡一体化发展水平区域差异的市域为评价单元，从社会、经济、环境和空间四个方面综合评价我国目前城乡一体化发展水平，分析城乡一体化不同发展水平的市域数量及其空间分布，为我国城乡一体化发展以及相应政策的制定提供科学参考。

所采用的数据包括：（1）市级行政区划数据，来自中国科学院资源与环境数据库。（2）社会经济数据，来自《中国区域经济统计年鉴》（2011年）、《全国第六次人口普查数据》、《中国城市统计年鉴》（2011年）、《中国环境年鉴》（2011年）、各省2011年统计年鉴等。其中，个别指标需要利用统计年鉴中原始数据进行计算处理获得。另外，对于西藏、新疆等部分地区个别指标的数据缺失，则采用相邻年份数据或省域均值数据代替。

（1）城乡一体化评价的指标体系

通过查询相关文，对涉及城乡一体化评价的相关指标进行频度统计，选择使用频度较高的指标，结合数据的可获取性构建了包含社会、经济、环境、空间四个维度，共计13个评价指标的城乡一体化评价指标体系（表3-3-1）。其中，城乡每万人口拥有教师数比、城乡每万人口拥有医生数比、城乡居民人均收入比、城乡居民恩格尔系数比和工业废水排放未达标量为逆指标，即其值越大，城乡一体化发展水平越低；其余为正指标，其值越大城乡一体化发展水平越高。

社会一体化维度包括人口城镇化率、非农就业人口比重、城乡每万人口拥有教师数比和城乡每万人口拥有医生数比等四个指标。其中，非农就业人口比重为非农就业人口占总就业人口的比重，从就业结构的角度反映社会一体化水平；城乡每万人口拥有教师数比为城镇每万人拥有教师数和乡村每万人拥有教师数之比，反映的是城乡教育差距。同理，城乡每万人口拥有医生数比则反映的是城乡医疗差距。人均GDP、城乡居民人均收入比和城乡居民恩格尔系数比是反映经济一体化的三个指标。其中，城乡居民人均收入比是指城镇人均可支配收入与农村居民人均纯收入的比值；城乡居民恩格尔系数比是国际通行的衡量和评价物质生活质量的重要指标，可以用来代表城乡生活水平差异，其值越接近1，城乡差别越小。工业废水排放未达标量、建成区绿化覆盖率、城镇生活污水处理率、工业固体废物综合利用率则用来反映环境一体化发展水平。其中，工业废水排放未达标量和工业固体废物综合利用率从不同的角度反映了对工业污染物的处理水平；建成区绿化覆盖率指在城市建成区的绿化覆盖率面积占建成区的百分比；城镇生活污水处理率反映了生活污水处理程度。空间一体化方面选取了建制镇密度和交通网密度两个指标。其中，建制镇密度是单位面积内建制镇数量，建制镇作为联系县城与乡村的重要节点，其密度越大，城乡一体化水平越高；交通网密度不仅体现了区域内部交通便利程度，还体现了不同区域之间联系的紧密程度。

（2）城乡一体化综合评价

由于各指标之间量纲不同，为了便于比较和综合评价，需要对指标数据进行标准化处理。不同类型指标的标准化方法如下：

1）正指标的标准化

$$S_{ij} = \frac{Y_{ij} - Y_{j\min}}{Y_{j\max} - Y_{j\min}} (i=1, 2, \cdots n; \ j=1, 2, \cdots m)$$ 式3-1

2）逆指标的标准化

$$S_{ij} = \frac{Y_{j\max} - Y_{ij}}{Y_{j\max} - Y_{j\min}} (i=1, 2, \cdots n; \ j=1, 2, \cdots m)$$ 式3-2

其中，Y_{ij} 为第 i 个地区第 j 项指标的原始数值，$Y_{j\max}$、$Y_{j\min}$ 分别为第 j 项指标的最大值、最小值，S_{ij} 为第 i 个地区第 j 项指标的标准化值。

评价指标权重关系到评价结果的客观性与可靠性，结合研究数据特点，本文选择主观与客观相结合且操作简单的层次分析法来确定指标权重（表3-3-1）。

城乡一体化发展水平评价指标体系（括号内为权重） 表3-3-1

目标层	准则层	指标层
城乡一体化	社会（0.3512）	人口城镇化率（0.3925）
		非农就业人口比重（0.2775）
		城乡每万人口拥有教师数比（0.165）
		城乡每万人口拥有医生数比（0.165）
	经济（0.3512）	人均GDP（0.4179）
		城乡居民人均收入比（0.3108）
		城乡居民恩格尔系数比（0.1958）
	环境（0.1887）	工业废水排放未达标量（0.4231）
		工业固体废物综合利用率（0.2274）
		城镇生活污水处理率（0.2274）
		建成区绿化覆盖率（0.1222）
	空间（0.1089）	建制镇密度（0.3333）
		交通网密度（0.6667）

根据评价指标体系，收集了2010年全国336个地级市（包括直辖市）的相应指标数据，经过指标数据标准化处理和确定权重之后，首先采用加法模型对社会、经济、环境和空间一体化的发展水平分别进行评价，在此基础上采用同样的方法进行城乡一体化发展水平的综合评价。加法模型

公式如下：

$$V_i = W_1 S_{i1} + W_2 S_{i2} + \cdots + W_m S_{im} = \sum_{j=1}^{m} W_i S_{ij} \qquad 式3-3$$

式中，$\sum_{j=1}^{m} W_i = 1$，W_i为第i个评价指标的权重，S_{ij}为第i地区第j个评价指标的标准化值，V_i为第i个地区的城乡一体化综合评价得分值。

为了使等级间城乡一体化水平差距最大，等级内相似值最优，同时为了便于比较，统一采用自然断点法，将社会、经济、环境、空间以及城乡一体化发展水平划分为低、较低、中等、较高和高5个等级（表3-3-2）。

城乡一体化评价分级标准　　　　　　　　表3-3-2

分级	低	较低	中等	较高	高
社会一体化	0.06～0.44	0.44～0.55	0.55～0.66	0.66～0.79	0.79～1.00
经济一体化	0.14～0.29	0.29～0.39	0.39～0.48	0.48～0.59	0.59～0.90
环境一体化	0.39～0.67	0.67～0.75	0.75～0.81	0.81～0.85	0.85～0.92
空间一体化	0.00～0.09	0.09～0.24	0.24～0.37	0.37～0.52	0.52～0.98
城乡一体化	0.26～0.41	0.412～0.50	0.50～0.58	0.58～0.67	0.67～0.82

（3）结果与分析

1）社会一体化发展水平

我国城乡的社会一体化发展水平总体一般。2010年我国人口城镇化率约为49%，高于同为发展中国家的印度，而美国、日本、加拿大等发达国家的人口城镇化率均在81%以上，差距仍然很大。我国仅有16个地级市人口城镇化率在80%以上，如北京、上海、乌鲁木齐以及长江三角洲的部分城市。同样，我国非农就业比重约为63%，远低于美国、日本等发达国家（表3-3-3）。

部分城乡一体化发展水平指标的国际对比　　　　　表3-3-3

地区	非农就业比重（%）	人口城镇化率（%）	人均GDP（现价美元）
中国	63	49	4433.3
印度	49	31	1417.1
美国	98	81	48377.4

续表

地区	非农就业比重（%）	人口城镇化率（%）	人均GDP（现价美元）
日本	96	91	42909.2
加拿大	–	81	47465.3

注：数据来源于世界银行（2010年）。

社会一体化发展水平中等及以上的市共有210个，所占比例为62.5%（表3-3-4）。社会一体化发展水平高的市数量较少，只有30个，所占比例仅为8.93%，主要分布在经济最为发达的地区，如京津地区、长江三角洲地区、珠江三角洲地区，但在经济发展水平整体相对落后的西部地区也有零星分布，如新疆的乌鲁木齐和克拉玛依、甘肃的嘉峪关，这些地区的经济发展水平在西部地区也处于领先地位。社会一体化发展水平较高的市主要聚集在我国东北部和东部沿海地区，如黑龙江省东部、辽宁省东部、山东省中东部地区、江苏省中北部地区，该区域人口城镇化率、非农就业比重相对较高，城乡之间的教育和医疗差距也相对较小。中等社会一体化发展水平的市数量最多（101个），分布较广，京广线沿线以及沿海省份的内陆地区是其主要聚集区。社会一体化发展水平较低的市主要分布在我国西南地区，但在鲁豫皖交界处、内蒙古与吉林交界处、新疆西北部也有分布。社会一体化发展水平低的市主要分布在我国第一级阶梯青藏高原上，这些地区城镇化进程较慢，人口城镇化率较低，加上生产和生活习惯等因素的影响，从事农、牧生产的人口较多，非农就业比重较低。

社会、经济、环境和空间一体化各等级市数量统计　表3-3-4

等级	社会一体化		经济一体化		环境一体化		空间一体化	
	个数	比例	个数	比例	个数	比例	个数	比例
高	30	8.93%	42	12.50%	33	9.82%	49	14.58%
较高	79	23.51%	103	30.65%	66	19.64%	77	22.92%
中等	101	30.06%	95	28.27%	106	31.55%	82	24.40%
较低	96	28.57%	65	19.35%	73	21.73%	72	21.43%
低	30	8.93%	31	9.23%	58	17.26%	56	16.67%

2）经济一体化发展水平

与发达国家相比，我国经济一体化发展水平仍有很大差距。2010年我国人均GDP为4433.3美元，约为美国、日本、加拿大等发达国家的十分之一左右，但高于印度的1417.1美元（表3-3-3）。世界多数国家和地区的城乡居民人均收入比为1.51左右，超过2.1的极少，在韩国、中国台湾等经济起飞时期，城乡居民人均收入比约在1.4至1.6之间[29]，而我国2010年城乡居民人均收入比高达3.22。

但从我国内部差异来看，相比社会、环境和空间一体化发展水平，我国经济一体化发展水平相对较好。在经济一体化水平分级中，中等及以上的市共有240个，所占比例为71.43%。经济一体化发展水平较高的市数量最多，为103个，所占比例为30.65%；经济一体化发展水平低的市数量最少，为31个，所占比例仅为9.23%（表3-3-4）。

经济一体化发展水平东部明显优于西部，西南部经济一体化水平较差。这主要是由于我国东部城镇化和工业化起步较早，经济较为发达，北京、上海、大连以及珠江三角洲和长江三角洲等地区的人均GDP均高于7万元，而西部的喀什市、和田市、巴中市、陇南市、宁夏回族自治区、玉树藏族自治州等区域的人均GDP均低于1万元。另外，西部地区的城乡居民人均收入比也明显高于东部地区，甘孜藏族自治州、文山壮族苗族自治州、怒江傈僳族自治州、阿里地区以及果洛藏族自治州的城乡居民人均收入比甚至高达5以上。

在一定区域内，经济一体化发展水平主要以某一经济增长极为核心，大体呈圈层结构辐射状分布。如江苏、浙江、安徽三省份内，长江三角洲经济一体化发展水平最高，以其为核心，受其辐射作用，围绕在其周边的江苏北部、浙江南部以及安徽的合肥、芜湖和宣城的经济一体化发展水平相对较高，随着距离的增加其辐射作用变小，安徽省西部各市的经济一体化发展水平较低与此相关。

3）环境一体化发展水平

从我国内部差异来看，环境一体化发展水平一般。其中，环境一体化发展水平中等及以上的市共205个，所占比例为61.01%（表3-3-4），低于其在经济一体化发展水平中的比重。总体来看，鲁豫皖地区环境一体化发展水平较好，而西藏、贵州和广西等地区是城乡一体化发展水平较差的主要分布区。

与社会、经济一体化发展水平不同，环境一体化发展水平没有实现与经济发展水平的协同发展，部分经济较发达的地区环境一体化发展水平反而较低。例如上海、重庆、大连、南京、杭州、广州、佛山、东莞和乌鲁木齐等地区。这些地区的工业废水排放未达标量很高，分别为727万吨、2382万吨、1296万吨、1620万吨、2511万吨、907万吨、1213万吨、1112万吨和468万吨，远高于全国平均水平256万吨。另外，南京、乌鲁木齐等地区的城镇生活污水处理率分别为59.16%、57.34%，远低于全国的平均水平71.82%；而相对较低的工业固体废物综合利用率和建成区绿化率也是导致东莞、佛山和乌鲁木齐等地区环境一体化发展水平较低的因素。由此可以看出，虽然经济较为发达的地区城镇化、工业化发展较快，但在此过程中伴随着大量的城镇生活污水、工业废水、工业固体废物等污染物的排放，环境质量明显下降。与此同时，在利益的驱动下生态用地让步于建设用地的现象也是屡见不鲜，导致建成区绿化覆盖率较低，降低了植被对环境的调控作用，进一步加剧了环境质量的恶化。

环境一体化空间分布较为复杂，省域内差异较大是其主要特征。同一省份内往往包含了多个等级的环境一体化发展水平，例如广东省内包含了5个等级的环境一体化发展水平，珠海市的等级为高，韶关市、梅州市为较高，中山市、湛江市为中等，茂名市、江门市为较低，经济较发达的广州、东莞和佛山的等级反而为低。新疆、西藏和青海省域内环境一体化发展水平差异较小，主要是由于部分自治州、地区等缺乏数据，计算过程中采用的相应的省级数据代替所致。

4）空间一体化发展水平

我国空间一体化发展水平一般，中等及以上的市共有208个，所占比例为61.90%，但各等级市的数量相对较为均衡（表3-3-4）。从空间分布上来看，空间一体化发展水平空间差异显著，各等级市集聚连片且圈层结构分布格局明显。鲁豫交界处、江苏南部地区以及四川西部地区是空间一体化发展水平高的市的集中分布区。鲁豫交界处是我国人口密度较高地区，乡镇范围相对较小、数量较多，同时京九线、京广线等众多铁路、公路途经此地。而江苏南部地区则是我国经济最发达的地区之一，人口密度、建制镇密度以及交通网密度均较高；空间一体化发展水平低的市则主要分布在新疆、西藏、青海、内蒙古，以及四川西北部、甘肃西北部、黑龙江北部和东部地区，这些地区地广人稀，同等级的行政区划在范围上显著大于东部地区，因此建制镇密度和交通网密度均较低；空间一体化发展水平较高、中、较低的市则按照由高向低等级依次过渡的规律，集中连片的在这二者之间分布。

5）城乡一体化发展水平

总体上，我国城乡一体化发展水平一般，人口城镇化率、非农就业人口比重、人均GDP等远低于发达国家，差距较大。其中，城乡一体化发展水平中等的市数量最多，为111个，所占比例为33.04%；城乡一体化发展水平低的市最少，共29个，所占比例为8.63%；城乡一体化发展水平高、较高、较低的市分别有44个、72个、80个，所占比例分别为13.10%、21.43%、23.81%（图3-3-1）。

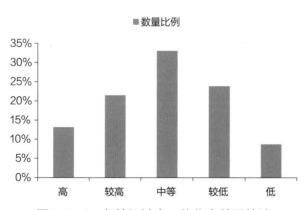

图3-3-1 各等级城乡一体化市数量统计

我国城乡一体化发展水平受自然地理条件、经济发展水平、交通网分布的影响较大，东中西差异明显，东部最好，中部次之，西部最差，并且与我国的三级阶梯分布具有较高的相似性。城乡一体化发展水平高、较高和中等的市主要分布在我国的第三级阶梯上，城乡一体化发展水平较低的市主要分布在第二级阶梯上，第一级阶梯则是城乡一体化发展水平低的市的主要聚集区。

具体而言，城乡一体化发展水平高的市主要分布在长江三角洲、珠江三角洲，以及一些省会城市（包括直辖市）等地区，普遍具有城镇化水平高、经济发达的特征，且多为区域性的政治经济文化中心，部分地区还形成了其特有的发展模式，如"苏南模式"、"长三角模式"、"珠三角模式"等。这些地区人口城镇化率普遍很高，城镇体系建设较为完善，相关基础配套设施齐全，医疗、教育、社会保障的服务覆盖面广，城镇化的发展带动了产业转型升级，促进劳动力向非农产业转移，人民的生活水平得到极大提高，这也使得人口素质得到提升、环保意识增强，人们对生活品质和生活环境的要求也越高，这对实现城乡一体化奠定了基础。

城乡一体化发展水平较高的市相对较为分散，仅在辽宁东部、山东中部、江苏北部分布相对较为集中，这些地区城镇化、经济发展水平虽不及高等级城乡一体化的市，但大都紧邻其分布，且多分布在我国的东南沿海省份，凭借区位优势，充分吸收高等级城乡一体化地区对其的辐射带动作用，城乡一体化进程相对较好。

第三级阶梯的内陆地区，尤其是哈大线沿线，京广线、京九线沿线等地区是中等城乡一体化发展水平市的主要集聚区，这些地区大都距沿海有一定的距离，但多靠近交通干线，交通发达，具有一定的经济基础，部分地区产业转型升级较慢（如东北老工业基地），部分地区为国家重要粮食生产基地（如长江中游平原地区），部分地区为重要的生态环境保育区（如河北部分地区），这种特殊的功能定位对其城乡一体化进程有一定的影响。

城乡一体化发展水平较低的市集中分布在我国西南部，另外在大兴安岭一带、新疆西北部也有较多分布。这些地区地理区位相对较差，经济较为落后，应在主要环境保护的同时加快第二、第三产业发展，拓宽就业渠道，增加收入，实现城乡协调可持续发展。

城乡一体化发展水平低的市主要集中在我国第一级阶梯上，这些地区地广人稀，经济基础较差，生活水平、基础设施、公共服务、社会保障普及率均较低，应抓住国家对西部政策支持的利好局面，充分发挥当地民俗文化、旅游资源优势，打造优质旅游，积极推进城镇化进程。

3 当前城乡一体化发展中的主要问题

（1）城乡居民收入比已呈缩小趋势，但二元结构依然明显

尽管我国农村居民人均纯收入逐年增长，但是与城镇居民人均可支配收入相比，依然很低，城乡二元结构依然明显存在。2000年和2001年我国的城乡居民收入比率分别为2.79∶1和2.90∶1，但2002年以来我国城乡收入比一直在"3∶1"以上，2009年城乡居民收入差距扩大到改革开放以来的最高水平的3.33∶1。

从2010年开始，农村居民收入增速连续多年超过城镇居民收入，城乡居民收入比呈现出下降趋势，到2013年下降为3.03∶1。城乡居民收入差距的发展趋势呈倒U型（图3-3-2）。据国际劳工组织1995年对36个国家的统计资料，绝大多数国家城乡居民收入比率均小于1.6∶1。我国2013年城乡居民收入比率仍远远超过了国际警戒区间，是世界上城乡居民收入差距最大的国家之一。

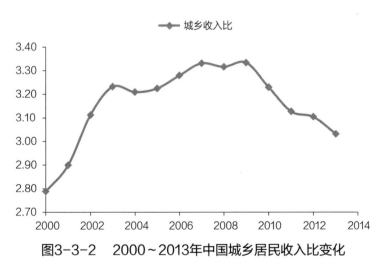

图3-3-2　2000～2013年中国城乡居民收入比变化

资料来源：根据2001～2014年《中国统计年鉴》整理。

从区域差异来看（表3-3-5），西部地区的城乡居民收入差距最大，城乡居民收入比高达3.32，高于全国平均水平；东部地区、西部地区和东北

地区的城乡居民收入比分别为2.69∶1、2.71∶1和2.31∶1，均低于全国平均水平，其中，东北地区城乡收入比较小。

2013年中国不同地区城乡收入比情况　　　　表3-3-5

地区	东部地区	中部地区	西部地区	东北地区
城乡收入比	2.69	2.71	3.32	2.31

资料来源：根据2001~2014年《中国统计年鉴》整理。

从省际差异来看（表3-3-6），贵州省城乡居民收入差距最大，收入之比高达3.80∶1，远高于全国平均水平；云南省紧随其后，城乡居民收入比也高达3.78∶1；黑龙江省和天津市的城乡收入差距小，收入之比分别为2.03∶1和2.04∶1。从城乡居民收入差距变化的趋势看，2000~2013年期间北京、天津、重庆、黑龙江、西藏等12个地区呈下降趋势，其中西藏自治区的城乡居民收入比下降幅度最大，由2000年的5.58∶1下降为2013年的3.52∶1；其余19个地区呈上升趋势，其中山西省城乡居民收入比上升幅度最大，由2000年的2.48∶1上升为2013年的3.14∶1。

2000~2013年全国各地区城乡居民收入比情况　　　表3-3-6

地区	2000年	2005年	2010年	2011年	2012年	2013年
全国	2.79	3.22	3.23	3.13	3.10	3.03
北京市	2.25	2.40	2.19	2.23	2.21	2.20
天津市	2.25	2.27	2.41	2.18	2.11	2.04
河北省	2.28	2.62	2.73	2.57	2.54	2.48
山西省	2.48	3.08	3.30	3.24	3.21	3.14
内蒙古自治区	2.52	3.06	3.20	3.07	3.04	2.97
辽宁省	2.27	2.47	2.56	2.47	2.47	2.43
吉林省	2.38	2.66	2.47	2.37	2.35	2.32
黑龙江省	2.29	2.57	2.23	2.07	2.06	2.03
上海市	2.09	2.26	2.28	2.26	2.26	2.24
江苏省	1.89	2.33	2.52	2.44	2.43	2.39

地区	2000年	2005年	2010年	2011年	2012年	2013年
浙江省	2.18	2.45	2.42	2.37	2.37	2.35
安徽省	2.74	3.21	2.99	2.99	2.94	2.85
福建省	2.30	2.77	2.93	2.84	2.81	2.76
江西省	2.39	2.75	2.67	2.54	2.54	2.49
山东省	2.44	2.73	2.85	2.73	2.73	2.66
河南省	2.40	3.02	2.88	2.76	2.72	2.64
湖北省	2.44	2.83	2.75	2.66	2.65	2.58
湖南省	2.83	3.05	2.95	2.87	2.87	2.80
广东省	2.67	3.15	3.03	2.87	2.87	2.84
广西壮族自治区	3.13	3.72	3.76	3.60	3.54	3.43
海南省	2.46	2.73	2.95	2.85	2.82	2.75
重庆市	3.32	3.65	3.32	3.12	3.11	3.03
四川省	3.10	2.99	3.04	2.92	2.90	2.83
贵州省	3.73	4.34	4.07	3.98	3.93	3.80
云南省	4.28	4.54	4.07	3.93	3.89	3.78
西藏自治区	5.58	4.05	3.62	3.30	3.15	3.04
陕西省	3.55	4.03	3.82	3.63	3.60	3.52
甘肃省	3.44	4.08	3.85	3.83	3.81	3.71
青海省	3.47	3.75	3.59	3.39	3.27	3.15
宁夏回族自治区	2.85	3.23	3.28	3.25	3.21	3.15
新疆维吾尔自治区	3.49	3.22	2.94	2.85	2.80	2.72

资料来源：根据各年《中国统计年鉴》整理。

2010年以来，我国城乡居民收入差距虽然总体上呈缩小趋势，但城乡收入比仍远远高于美国、日本和韩国等国家，显著存在的二元结构将是制约城乡协调发展的主要因素之一。多年实践证明，仅从农业内部寻找农民增收的途径，缩小城乡居民收入差距，潜力极为有限。

（2）农村事业财政支持力度小，城乡基本公共服务差距大

近年来，为了缩小城乡差距，我国相继实施了"社会主义新农村建

设"、"生态文明建设"、"新型城镇化"等一系列加大城乡一体化力度、加快农业农村发展的工程措施，有效地改善了农村基础设施条件，进一步健全了农村基本公共服务，但与城市相比，农村相对落后的状况未能根本改变。

1980年以来我国用于农村和农业事业的财政支出不断增加，由1980年的150亿元上升到2012年的12387.60亿元（图3-3-3）。但是，用于农村和农业事业的支出占总财政支出的比重却呈下降趋势，由1980年的12.21%下降到2012年的9.84%。值得高兴的是，自2005年开始，该比重呈上升趋势，这跟我国近年来大力实施以工补农政策，加速社会主义新农村建设密切相关。

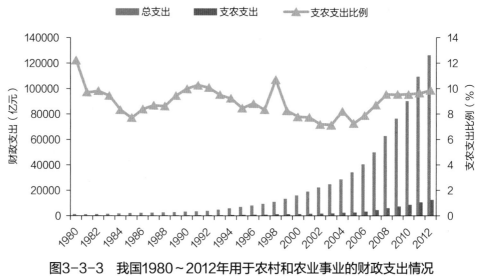

图3-3-3　我国1980～2012年用于农村和农业事业的财政支出情况

资料来源：根据《中国农村统计年鉴》整理。

从各省农林水事物的财政支出数额来看（图3-3-4），江苏、山东和四川三省份的农林水事物财政支出较多，分别为868.34亿元、748.14亿元和741.78亿元；天津和西藏的农林水事物财政支出较多，分别为123.03亿元和148.79亿元。但从农林水事物的财政支出占总财政支出的比例来看（图3-3-5），宁夏、甘肃和西藏三省份的比例较高，分别为16.19%、15.01%和14.67%；而上海和天津的农林水事物的财政支出占总财政支出的比例分别为4.13%和4.83%，比例较低。可以看出我国农林水事物的财政支出及比例与各省份的经济发展水平并不完全一致。此外，2013年我国农林水事

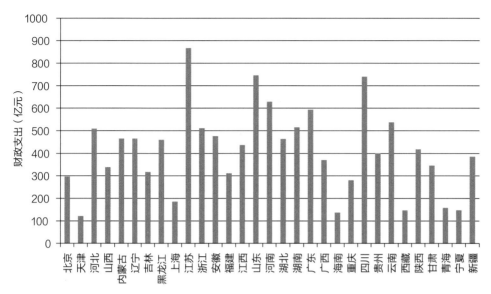

图3-3-4　2008年全国各省农村和农业事业的财政支出

资料来源：根据《中国统计年鉴》整理。

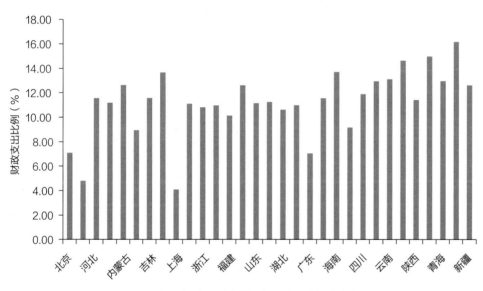

图3-3-5　全国各省区农村与农业事业的财政支出比例

物的财政支出比例为10.71%，与国外相比，低于发展中国家10%～12%的平均水平，更低于发达国家30%～50%的水平。可见，我国各省份对农业、农村事业的投资力度及其与经济发展水平的协调方面仍有较大的提升空间，与国外发达国家相比，提升的空间更大。

农村基础设施建设相对滞后。现有的农田水利设施大部分为20世纪70年代修建，严重老化，维护成本较高，而且乡村两级无钱维修加固。农村的环境卫生，特别是教育和医疗资源较城市差很多。2013年农村卫生厕所普及率仅为74.10%；农村学校数仅为城区的11.15%，在校学生数仅为城区的7.31%；农村每千人医疗卫生机构床位数仅为城市的45.52%，农村卫生技术人员数仅为城市的39.65%。农村社会保障制度不健全，保障水平低，制度差异大。城镇职工有"五险一金"（养老、医疗、失业、工伤、生育，住房公积金）；农村农民只有低标准的"一低两保"（最低生活保障、失地农民保障、农村合作医疗）。

总之，农村社会事业发展仍有较多欠账，加大了农村经济发展难度，完全依靠农民自身的能力很难解决。

（3）农业经营分散、规模较小，农民组织化程度相对偏低

我国农户土地经营分散、规模小，人均耕地面积仅1.34亩，农民人均耕地2.89亩。据联合国粮农组织统计，原先同样为小农经济的日本和韩国，当前农民人均耕地规模分别是我国的7倍和3.5倍。小规模与分散经营的直接后果是农业产业化薄弱，劳动生产率低，农业资源优势难以转化为产品优势。

（4）农村知识青年大量流失，农业劳动力老弱化问题突出

随着工业化快速发展，农村知识青年加速向城市流动，造成农业劳动力老化、妇化，受教育程度低，接受新知识新技术难，劳动生产率降低。

据第二次农业普查资料，我国从事农业的34246万人口中，初中及初中以下文化程度占95.68%，其中文盲为9.49%；32.50%的农业劳动力在50岁以上，20～40岁的占39.11%。

从事农业的人口年龄结构受经济发展影响较大，一般经济越发达的地区，从事农业的人口老龄化现象越严重（表3-3-7）。如上海和浙江从事农业的人口中50岁以上的分别占55.61%和52.96%，而西藏、青海和新疆等地区分别占14.32%、18.49%和17.69%。从事农业的人口受教育程度受经济发展影响相对较小，普遍存在受教育程度低的现象，无论发达地区还是落后地区从事农业的人口中初中及初中以下文化程度都在95%左右。由此可见，培育"有文化、懂技术、会经营"的新型农民任重道远。

从事农业人口中年龄结构及受教育程度　　表3-3-7

地区	20～40	50以上	初中及以下	文盲
全国总计	39.11%	32.50%	95.68%	9.49%
北京	27.06%	36.37%	89.69%	6.03%
天津	33.55%	34.94%	94.76%	4.61%
河北	39.45%	29.87%	94.45%	4.34%
山西	39.39%	29.60%	94.50%	3.55%
内蒙古	43.44%	26.09%	94.29%	8.58%
辽宁	37.48%	31.15%	96.77%	2.78%
吉林	44.22%	23.40%	96.23%	3.03%
黑龙江	47.21%	21.46%	96.53%	3.00%
上海	18.67%	55.61%	96.00%	12.47%
江苏	26.99%	46.08%	95.47%	10.51%
浙江	20.30%	52.96%	96.98%	15.21%
安徽	37.76%	37.46%	97.22%	17.92%
福建	37.31%	32.23%	96.20%	9.73%
江西	38.71%	32.50%	96.07%	7.71%
山东	37.25%	33.97%	95.24%	9.18%
河南	42.89%	28.20%	94.54%	7.04%
湖北	32.62%	36.97%	94.93%	10.76%
湖南	35.09%	37.18%	94.25%	5.90%
广东	36.39%	33.23%	94.28%	4.08%
广西	42.92%	29.76%	95.12%	4.50%
海南	47.62%	25.27%	92.55%	6.75%
重庆	31.06%	46.23%	97.71%	8.79%
四川	34.14%	41.87%	97.61%	12.92%
贵州	43.57%	31.02%	98.27%	16.18%
云南	48.86%	22.34%	97.66%	15.27%
西藏	52.87%	14.32%	99.78%	50.83%

续表

地区	20~40	50以上	初中及以下	文盲
陕西	38.21%	31.59%	94.16%	9.85%
甘肃	45.77%	26.70%	95.45%	22.51%
青海	53.27%	18.49%	97.52%	37.55%
宁夏	49.34%	22.48%	96.19%	20.34%
新疆	51.77%	17.69%	94.07%	5.39%

（5）快速城镇化进程中农业生态与环境污染问题日益严重

农业、农村面源污染呈加重趋势。目前我国耕地亩平均施肥量为32kg，超出发达国家为防止化肥污染水体设置的15公斤/亩的安全上限。畜禽养殖的污水和固体处理率低（以小型养殖规模为主），污染源点多面广。

农村污水排放量大，但处理程度低。2014年我国城市污水处理率已达到87%左右，县城的污水处理率接近80%，但建制镇的污水处理率不到30%，村庄的污水处理率只有8%。基础设施建设滞后使我国小城镇和农村地区生活用水污染问题突出，大部分生活污水未经处理直接排放，导致农村河流水质急剧下降，直接威胁农村居民的饮用水安全。农村生活污水排放量约占我国生活污水总排放量的一半以上，是我国主要流域水污染的重要因素。

（二）国外城乡一体化发展成功经验与启示

1 发达国家或地区城乡一体化的典型实践

许多发达国家在具备了一定的经济基础后，就开始了工业反哺农业、城市支持农村的城乡一体化进程，尤其是与我国一样人多地少，人均耕地资源紧缺的日本、韩国等国家以及我国台湾地区城乡统筹发展的主要内容、社会效益及经验教训，对推动我国以工补农、以城带乡的城乡协调发展有重要的启示作用，值得学习和借鉴。

（1）日本城乡统筹的发展实践

二次世界大战后日本工业高速发展，人口集聚在数个大城市圈中，农村经济落后，稀疏分布，城乡非均衡发展问题严重。为此，日本政府先后四次制定"国土综合规划"，提出要在保护生态的前提下，疏解大城市人口，加快开发落后地区，特别注重对农村经济的深度开发，着力建设小城镇，逐步把中小城镇的生活水平提高到与大城市相当的水平。

具体措施包括：1）首先由政府主导进行中小城镇和农村的基础设施建设规划。加大交通、信息、通信等基础设施建设，开展城乡交流，改善生产、生活环境，把各种城市机能与乡村的恬静和富裕有机协调起来，形成城乡相辅相成的机制，把城乡空间融合提高到一个新的水平，促进城乡协调发展。2）政府主导制定农业发展规划。鼓励发展农业集约经营和多种经营，并在农业之外创造更多的就业机会。同时，中央政府加大工业反哺农村农业的力度，日本的财政收入中来自农业的仅占1%左右，而农业投入占财政支出的比重达10%以上，20世纪90年代财政投入农业的资金年增长率稳定在13.4%左右。这些投入的主要去向是在农业现代化、农村科技、教育、交通、环境等方面，特别注重保证农村农户收入的持续、稳定增长。

到1995年，日本东京地区农村居民收入中非农收入占92.4%，（全日本为74.7%），农户人均收入和人均可支配收入已经超过城镇职工的相应指标。在家庭耐用消费品和居住条件、环境、住宅质量等方面，农户的平均水平已经接近或超过了城市职工的平均水平。农村单位人口绿化面积、户均居住面积、单位人口病床数、犯罪率等指标优于中心城，城乡协调发展已经达到较高水平。

（2）韩国城乡统筹发展实践

韩国是发展中国家中实现城乡协调发展最具有典型性的国家。韩国工业化早期曾一度出现忽视农村、牺牲农业的倾向，致使城乡经济差距十分明显。为此，韩国政府于1970年开展了以政府支援、农民自主和项目开发为基本动力，以农村基础设施建设、产业结构调整和农村工业化为切入点的"新村运动"，带动农民自发地建设家乡，取得巨大成功。"新村运动"

使城乡差距缩小，乡村经济和乡村面貌发生了根本变化，农民的收入赶上并在某些年份超过城市工薪家庭的收入。

"新村运动"的主要措施包括：1）政府从农村工业化入手，制定许多政策措施促进工业由城市向农村扩散。同时建设相应的配套公用设施，为农村办企业提供基础条件。大力建设农村工业区，使其成为农村人口密集区，形成小城镇，实现地域、城乡间均衡发展。2）对农村劳动力进行职业教育和技术培训，重点培养具有较高农业生产经营管理水平，具有国际市场竞争力的专业农户以及一批农村实用型人才。3）广泛开展"新农村"建设运动。主要由政府自上而下地动员大量财力、物力和农民劳动力，致力于建设乡村小城镇和村庄基础设施和改善农村环境，使得农村社会结构和生活方式趋于现代化，城乡之间协调发展。

（3）英国统筹城乡发展的经验

英国在工业革命后，随着其城市化速度越来越快，乡村人口逐渐向城镇转移，乡村日益凋零，城乡差距越来越大，严重阻碍了社会经济的发展。为此，英国政府采取了一系列措施统筹城乡一体化发展，协调城乡矛盾。

英国城乡一体化取得的成功经验主要包括：1）在全国范围内进行统一的城乡规划，把城市问题和乡村问题统一起来规划考量，建立了由中央、地区、地方三级组成的城乡规划体系，并通过立法来保证其有序地进行。2）英国非常注重保护乡村文化特色。1949年，英国政府通过制定法律，如"国家公园和享用乡村法"来保护英国乡村的传统特色文化，在城乡一体化进程中留住传统乡村人文和自然景观；政府也鼓励和扶持具有地方特色的农产品的生产和经营，使得每个乡村都可以拿出属于自己的特色农产品；英国乡村还有各式各样的乡村节日，以此来吸引城里人来休闲娱乐；同时建立了很多乡村协会和俱乐部，希望通过大家的努力共同来维护乡村特色保护。3）英国政府非常注重农业和农民的发展，对本国农业实行补贴和支持保护的政策，着力提高农业基础设施建设，改善农业生产的条件，提高生产力，对农产品价格给予适当补贴对进口农产品实行强制性的关税等等。4）英国政府对农民保护环境性经营给予适当补贴。如果农民在经营自己的土地过程中保护了环境，则其不但可获得田地的收益，还将得到政府的奖励，这种做法极大地调动了农民保护环境的积极性和自觉性，这样既给农民带来了财富，又保证了英国乡村环境的可持续发展。

（4）美国城乡一体化的经验

美国在工业化、城市化进程中也经历过农村凋零落后，城市负荷过重的城乡不平衡发展阶段。当时美国政府为减轻城市压力，协调城乡差距，以城市郊区建设作为切入点，采取了一些有效的措施，如城市住宅向郊区扩散的优惠政策、大力援助公路建设政策、完备的郊区基础公共设施建设等等，鼓励居民及工商业向郊区迁移，这对平衡城乡之间的矛盾起到了至关重要的作用。随后，郊区建设已经不能满足社会发展的需要，人口还要向郊区以外扩散，遂演变成大规模的小城镇建设。最终，拥有10万以下人口的小城镇成为美国的主体部分，占美国城市总数的99.3%，70%以上的人口都集中在小城镇。可见，郊区建设是美国在统筹城乡一体化发展过程中的中转站，是实现城乡统筹发展的有效措施，而小城镇建设则促使美国城乡一体化发展的顺利实现。

在大力发展小城镇的同时，美国政府采取一系列有效措施，促进和保护农业的发展，大大缩小了城乡差距。如，建立了系统完善的农业保护政策体系；大力支持高科技农业的发展；对农业进行了一系列的补贴政策；重视农民的职业技术教育；大力加强对农村的基础设施建设。

2 国外城乡一体化发展的规律与启示

从上述发达国家和地区城乡统筹发展的实践看，城乡关系演变遵循城乡分离（城市为主，农村为辅）——城乡互动（城乡经济联系加强）——城乡协调（经济社会逐步融合）的基本规律。城乡关系发展演变过程中，有几个重要步骤是实现区域城乡统筹发展必经的途径，值得我们在城乡一体化发展中借鉴。

（1）农村工业化是实现城乡统筹发展的重要前提

农业工业化是指工业在农村发展、工业生产和非农就业在农村比重不断提高的过程，其基本标志是农村第二、三产业的生产总值比重及非农劳动力的比重表现为不断上升的趋势。发达国家城乡协调发展的一条重要经验就是在工业化进程中，必须实现工业化对城乡劳动力、资本、技术等的相互交流，特别是对农村剩余劳动力的吸收，以实现工业化对农村经济社会发展的有效拉动。国内城乡协调发展较好的地区也都是以农村工业化为基本前提的。

（2）农村城镇化是实现城乡统筹发展的重要载体

近年来中国城市化速度虽然很快，但与世界发达国家相比，中国目前45%的城市化率仍然偏小，今后需从45%提高到75%左右，这意味着每年有大量人口由农村迁移到城市。一些发展中国家如拉美的巴西、墨西哥、南亚的印度、孟加拉等在推进工业化、城市化的过程中，过分倚重大城市，忽视农村的工业化和城镇化，导致大量失去土地的农村劳动力涌入大城市，造成大城市贫民窟不断膨胀，最后出现了经济和社会震荡的局面，教训非常深刻。

因此，加速农村工业化，促进农村城镇化，使农村人口在转移过程中能够合理分布于城市和城镇之中，推动大、中、小城市与小城镇协调发展，努力形成开放、流动、有序、互补的城乡关系，是实现城乡协调发展的核心和关键。只有农村剩余劳动力大量转移，使农村人口数量下降到总人口的25%以下，才能实现农业集约化生产、规模化生产和专业化生产，实现农村发展、农业增产和农民增收相协调，实现城乡统筹发展。

（3）以立法的形式，科学制定城乡综合发展规划

国内外实践表明，仅仅依靠市场力量很难消除城乡发展不平衡现象，而市场力的作用往往倾向于扩大而不是缩小城乡间的差别。因此，要缩小城乡差距，唯一可行的办法是国家或地方政府进行干预，即政府通过立法的形式制定城乡综合发展规划，重视和支持乡村开发。如美、英、法等国家都通过制定"新城镇开发法"，进行建设"新城运动"；日本先后出台了四次"国土综合开发法"，促进城乡协调发展；韩国也是以法律的形式推行"培育新农村运动"。

城乡综合发展规划内容的重中之重是统一规划城镇空间体系，并把建设现代化交通网络放在首位，通过构建城乡之间交通网络来衔接、强化城

乡经济联系，支撑城乡之间协调发展。另外，城乡发展综合规划必须立足城乡发展条件、发挥城乡各自优势和体现城乡的各自功能，按照城乡专业化分工协作要求，统一规划和建设城乡居民点、工业区、基础设施网络、土地综合开发利用，统一规划和建设与城乡发展紧密相关的通信、商业、仓储以及金融服务等部门，统一规划与建设大城市、中小城市和小集镇等不同等级规模的城镇，形成城市和乡村之间产业内在联系密切、要素流转通畅、组织功能完善的城乡网络体系，形成维系城、镇、乡网络系统共生共长、协调发展的空间发展新模式。

（4）建立以城带乡、以工哺农为基础的长效公共财政体系

从发达国家城乡关系发展历程看，当工业化进入到中后期，各国都适时调整发展政策，加大工业反哺农业、城市支持农村力度，政府通过财政转移支付等形式增加对农村基础设施建设投入、支持农业和农村发展。各国在工业反哺农业过程中，都制定了较稳定的财政支持政策和措施。例如，意大利在开发南方相对落后地区时，中央政府把投资总额的40%用于南方，还规定国家参与制企业必须将工业投资的40%和新建工业企业的60%投向南方。日本在1980年公共投资占地方财政支出的比例全国平均是9%，而北海道（农业区）则高达17.1%。一些国家还设立专门援助欠发达地区及农村的发展基金，并为农业、农民提供了各种高额补贴。如日本政府对骨干农户生产费用补贴占全部费用达到的50%～70%；欧盟对农业保护价格明显高于国际市场，农民无论产出多少，都由政府统一收购；日本政府对农田基本建设的补贴高达90%以上，农民只负担5%～10%；欧盟为促进各成员国农业现代化，规定凡购置大型农业机械、兴修水利工程等，欧盟提供25%的资金，另外75%由各成员国政府解决。20世纪90年代末以来，我国也开始了"以工补农"的历程，投入支持农业和农村发展的资金力度不断加大，但是和国外发达国家的支农力度相比，我国仍有很大的潜力空间，需要建立一套长效的城市支持农村、工业反哺农业的公共财政体系，进一步加大对农业生产发展，以及农村居民在居住、就业、教育、社会保障、医疗和文化生活等方面的公共资金支持力度，加速促进城乡之间的协调发展。

（三）国内不同区域城乡一体化发展模式剖析

在查阅大量文献资料的基础上，本研究针对国内不同区域的城乡一体化发展典型模式进行了归纳分析。将各区域发展模式的类型分为：城乡统筹规划型；乡镇企业发展带动型；依托农业产业化型；承接转移产业主导型；矿产资源开发带动型；市场导向带动型；依托发展特色旅游型；现代服务业为主导型；依托边境贸易发展型等。在总结这些模式成功经验的同时，也对其存在的问题进行了剖析。

1 东部地区—以山东半岛为例

（1）莱州模式—以工业化为主导的城乡一体化发展模式

莱州模式的主要特点是通过发展工业，形成产业优势，带动经济综合实力的提高，进而反哺农业，以推动城乡一体化的进程。

莱州市在以工业化为主导的城乡统筹发展中，所采取的主要做法是：

1）培植新兴产业。主要关注电力能源建设，如华电国际莱州电厂，科学安排沿海、陆地风电布局，建设风电设备制造业基地（图3-3-6）；临港工业建设，依托港口及港口物流，重点发展临港加工制造业，如石化加工、装备制造等项目；现代化工业建设，发挥地下卤水和过境石油化工品资源优势，如油盐化工高附加值产品及精细化学品的开发与生产。

图3-3-6　莱州风电厂示意图

2）提升优势产业。按照"大项目—产业链—产业群"的发展思路，强化龙头项目引领，发展壮大山东黄金、豪克轮胎、方泰金业等重点企业，实施中小企业成长和特色产业提升计划，加强配套协作，拉长产业链条，形成了一批产业集群和特色产业镇街、专业村居。

此种城乡统筹发展模式存在的主要问题是：首先是生态环境压力较大。莱州市在发展工业化的同时还没有完全理顺好经济发展与环境保护的关系，在发展一些高污染行业（如造纸及纸制品业、农副食品加工业、化学原料及化学制品制造业、纺织业、黑色金属冶炼及压延加工业、石油加工/炼焦及核燃料加工业、非金属矿物制品业、有色金属冶炼及压延加工业）的同时，环保措施没有同步跟上，致使环境恶化速度加快，尤其是水污染，已经达到很严重的程度。要保持该区域工业企业的发展的可持续性，实现又好又快发展，必须高度重视环境保护，减轻生态环境在发展中的压力。其次是中小企业融资难题。金融抑制导致社会经济资源不能得到有效配置，导致资源闲置和资源配置错位，使许多企业错失发展机遇。融资难从企业的创立、发展、扩张成长的各个阶段制约着企业的发展，成为制约莱州市工业化进程的关键因素。

（2）昌邑、荣成、胶州模式—以城镇化为主导的城乡一体化发展模式

以新型城镇化作为城乡一体化的切入点，是这一区域城乡一体化发展模式的主要特点。

昌邑市在推动城乡一体化发展的过程中，以新型城镇化建设为切入点，坚持整体优化布局，形成以县城为龙头，乡镇为重要载体，农村社区为基础节点的"三个层级"，科学确定主体功能分区，合理安排城镇建设、旧村改造、产业发展、生态保护等空间布局，以转型升级促城镇发展，以就业创业促农民增收，以生态宜居促社区建设，统筹推进城镇化和新农村发展。

荣成市的城镇建设按照"一城两带三片区"的格局发展。"一城"就是实施中心城市带动战略，带动环城小城镇建设，提升中心城区规划建设管理水平；"两带"就是以沿海镇区为依托，打造经济发达、功能完善的沿海城市带，以内陆镇驻地和中心社区为依托，打造布局集中、特色鲜明的内陆村庄聚合带；"三片区"就是以市区为中心，打造中部发展片区，以石岛管理区为主体，打造南部发展片区，以成山镇为龙头，打造北部发展片区。

现已形成海洋生物食品、修造船及零部件、汽车及机械、能源石化、旅游、港口物流等蓝色海洋产业集群，综合实力连续多年位居全国百强县（市）前列。

胶州市的城镇建设则按照"一城四区两翼"的城市发展框架，着力实施三大工程，走出了一条"区域统筹、城乡联动、镇村互融"的新型城镇化路子。一是提升核心动力，实施中心城区提档工程，坚持疏老城、建新城，突出加快中心城区建设。二是统筹片区开发，实施重点区域带动工程。坚持以对接青岛、承接镇村为原则，开发搭建总面积110平方公里的胶州湾产业新区、少海新城、胶州湾国际物流中心三大发展平台，推动城市布局由沿河到临湖、面海新跨越，并直接带动周边120多个村庄整合改造、转型发展。三是壮大联动效应，实施镇村一体改造工程。坚持把镇作为统筹城乡的节点，引导人口向城镇集中，并自2007年起实施优惠政策，即对各镇开发的收益全额返还，使得城镇化步伐加快。区内8个镇先后被评为国家级环境优美镇，11个镇全部创建成省级环境优美镇。

山东半岛实施的新型城镇化建设，打破了城乡二元结构下形成的农村封闭状态，改变了农村劳动力的就业结构，农村居民居住方式、生活方式及价值观念，加快促进了各种经济要素和乡村企业向小城镇集中，推动农村非农产业的发展。此种模式不仅可以为大量农村剩余劳动力提供非农就业机会，提高农村居民的收入水平，也会极大改善农村的交通通讯等基础设施状况与居民的生产生活质量，从而加速城乡一体化发展的进程。

存在的主要问题：

1）城镇化发展滞后的问题。一方面当地城镇化水平滞后于工业化发展水平；另一方面城镇化率虚高，按照当前统计口径，把在城镇居住半年及以上的人口均统计为城镇人口，这其中包括了相当一部分流动人口，因而实际城镇化水平应远低于目前水平。

2）农民工市民化进程缓慢。农民工问题是我国在城乡二元制度下推进城镇化的必然结果。这种"不完全的城镇化"，只完成农民向农民工的转变，今后还要完成农民工向市民的转变，以真正实现人口的城镇化。如果让大量农民工长期处在城乡两栖流动状态，必然会导致城镇化效果大打折扣。

（3）平度、城阳、即墨模式—以服务业为主导的城乡一体化发展模式

这一模式的共同特点是通过完善和发展现代服务业，促进城镇化建设，进而加快城乡一体化的发展速度。

平度模式，推动现代服务业向乡村延伸。以城乡服务业的统筹发展为支持城乡产业一体化发展、完善发展城乡市场体系提供重要支持，2010年平度市重点实施了山东半岛物流园、仁禾生姜市场建设等一批服务业大项目，进一步完善城乡流通市场体系，提升现代服务业对城乡产业一体化发展的辅助作用。同时，为积极开拓城乡市场，支持流通企业与生产企业合作建立区域性农村商品采购联盟，用现代流通方式建设和改造农村消费品流通网络，进一步提高农村商业服务产业一体化发展需要的能力，构建符合农村经济发展需要、以城带乡、城乡一体的现代流通网络。

城阳模式，商务商贸中心发展模式。优先发展现代服务业，加大现代物流、金融保险、文化创意、楼宇经济、会展、旅游等现代服务业培育发展力度，改造提升商贸流通、餐饮娱乐等传统服务业，积极打造青岛北部商务商贸中心。

即墨模式，以市场商贸业和旅游业为特色的现代服务业发展模式。通过整合优化各类市场资源，市场商贸业的竞争优势更加突出，服装批发市场名列全国十大服装批发市场第四位、被评为五星级市场。通过持续推进东部开发建设，天泰等一批重点旅游项目相继投入运营，田横祭海节等民俗节庆活动更加丰富，农家乐、渔家宴等特色旅游日益活跃，以休闲度假、疗养保健为特色的旅游开发呈现新热潮。

存在的问题为：城市规模小，城市化水平低，服务业发展空间狭窄。该地区相比发达地区，仍处于比较低的水平上，总体上讲城市化滞后于工业化。东半岛总人口中的非农业人口的比重偏低，目前的农村人口相对较多。由于城市规模先城市化水平偏低，制约了服务业发展的空间和服务业总量的提高。

（4）寿光、胶南模式—以现代农业为主导的城乡一体化发展模式

该模式通过推进农业产业链条延伸，大力发展以农产品加工业为重点

的农村第二产业，培育以农村物流业、休闲观光农业为重点的农村第三产业，进而为推进城乡一体化奠定产业基础，加快城乡一体化的发展进程。

寿光市大力发展现代农业，积极推进以蔬菜为

图3-3-7　寿光市蔬菜优良品种繁育基地

主体的农业产业化进程。目前蔬菜面积已发展到80多万亩，其中，经农业部认定的优质蔬菜基地达66万亩（图3-3-7），全市从事农产品加工的企业380多家，成立了130多个农民专业合作经济组织，超过80%的农户被吸收到产业化经营体系中，规模化经营不断发展。同时，寿光市全面推进新农村建设，有163个村启动楼房村建设工程，600多个村庄实施了环境整治，广大农民的生产生活条件有了明显改善，城乡联系进一步增强，为加快推进城乡一体化发展创造了良好条件。

胶南市坚持把现代农业建设作为推动农业发展、促进农民增收、繁荣农村经济的重要着力点，大力实施"品牌兴农"战略。按照园区化建设、企业化管理、品牌化运营的工作思路，通过财力集中投入、政策集成运用、技术集约利用等措施，着力抓好8大农业主导产业发展，提升农业集约化、设施化、标准化、规模化水平，全市现已形成产供销一体的蓝莓、食用菌、茶叶、蔬菜、畜牧、海水养殖等农业商品生产基地。同时，扎实推进"农民教育培训计划"的实施，有效提高农民科技素质，每年举办农技推广培训班60期以上，培训骨干农民1万人次左右。

存在的问题：

1）农业投入资金严重不足。由于长期投入不足，农业生产性基础设施普遍年久失修、功能衰退、更新改造缓慢，加之"双层经营"体制下的农村集体组织管理功能普遍薄弱，影响了该区现代农业发展的进程。

2）生态环境破坏严重，可持续发展能力不强。当前，区内现代农业发展迅速，过量使用除虫剂、化肥、除草剂等化学药品，使得植物、病虫、

病毒的抗药性逐渐增强，对农村生产生活环境也造成严重污染，引发了一系列严重的农业生态环境问题。

2 东南沿海地区

（1）珠江三角洲"以城带乡"模式

珠江三角洲包括广州、深圳、珠海等14个市县。根据区内经济、自然等条件，珠三角的经济发展呈现带状，城镇是经济发展中的一个个增长极，然后凭借城镇良好的交通、信息、能源条件对周边地区产生巨大的辐射作用，带动周围农村地区的发展，从而推进珠江三角洲地区的城乡一体化进程。

珠江三角洲的城乡一体化大致经历了三个阶段：商品农业阶段——发展规模农业，提高农业劳动生产率，为农村剩余劳动力转移创造条件；农村工业化阶段——以农村工业化带动农村城市化；完善基础设施阶段——按现代城市要求，构筑现代城市框架。珠江三角洲已发展成为具有现代化文明的城市群体，形成村中有城、城中有村、城乡一体的新格局。在珠三角实现城乡一体化的过程中，具有明显的以城带乡特征。

（2）苏南模式

苏南地区是指长江三角洲的苏州、无锡、常州（包括其所辖的市县）。改革开放以来，苏南地区城乡统筹发展大致经历了三个阶段：1）农村工业化、就地城镇化期（1978~1983年）。苏南地区鼓励乡镇和社区政府发展乡镇企业，解决农村剩余劳动力出路，同时建设小城镇，农村开始走上了以乡镇企业为龙头的工业化和城镇化路子。2）城乡协作、以工补农时期（1984~1991年）。苏南乡镇企业适应城市工业扩散要求，开展城乡工业协作，城乡企业逐渐融合、联动发展。同时政府又采取"以工补农、以工建农"的形式，加快农业现代化进程，从城市和乡村两条渠道实现了对建设小城镇、协调发展城乡经济的拉动。3）城市化和市民化时期（1992~今）。苏南地区将新区开发区建设和外向型经济快速发展，作为推动城乡协调发展的新动力。开发区（包括新区）普遍依托原有城区，使原有城区得到再造和扩容，形成了较完善的基础配套设施体系，提供了更多的就业机会，推动了工业化水平与城市化水平同步提升，加速了地区城镇化和人口市民化进程。

概括起来，苏南城乡统筹发展模式是在大中城市的辐射和带动下，以发展乡镇企业为突破口，转移农村劳动力，并逐步融合城乡工业。大力开展"以工补农、以工促农"，稳定和发展农业生产，改善农民生产、生活条件和质量。建设开发区，发展小城镇，使其成为连接城乡的枢纽，并进而带动工业化和人口城市化水平不断提高，城乡经济社会协调发展。

（3）上海模式

上海城乡一体化属于典型的中心城市带动型，其发展战略就是以城乡为整体，依托大都市的核心地位和功能，发挥城市的辐射带动作用，通过统筹城乡工业、基础设施、社会保障、公共服务和生态环境，优化城乡生产要素配置，促进城乡资源综合开发，推动区域城乡协调发展。

20世纪90年代以来，上海市坚持以城带乡方针，集中力量加快市中心城区和郊区城镇建设，推进了上海高起点、跨越式大发展。具体措施包括：将城乡基础设施建设纳入统一发展规划，基础设施建设重心由市中心向郊区转移；以建设工业园区为载体，推动城乡工业协调发展；推动农民居住向城镇集中，多元化推进农村城镇化发展。经多年努力，上海郊区已基本纳入高速公路网，航空港、深水港、国际体育中心等城市重大基础设施和功能性设施也落户在郊区，农民收入有了很大提高，社会事业得到了较快发展。郊区农村供水、燃气、电信等基础设施普及率在全国处于领先地位，在推动城乡协调发展中积累了有益的经验。

（4）嘉兴城乡一体化模式

嘉兴市位于杭嘉湖平原，是上海经济圈、杭州经济圈和环太湖经济圈的交汇口，明显的区位优势使得嘉兴各县市经济发展迅速且相对均衡，为其实施城乡一体化打下坚实基础。自20世纪90年代末，嘉兴市政府制定出台了"嘉兴市农业和农村现代化建设规划（1999）"、"嘉兴市城乡一体化发展规划纲要（2004）"和"嘉兴市打造城乡一体化行动纲领"等系列规划，大力推进城市化、工业化和农业农村现代化。在空间布局上，以不同层次、不同规模的多功能城镇为中心，在其周围形成了一系列的城乡交错带和亦乡亦城的城乡型聚落。城镇之间、城镇与城乡型聚落间均有不同容量的现代化交通设施和便利快捷的通信设施连接在一起，形成城乡融合的空间结构。尤其是2008年提出的以优化土地使用制度为核心的"两分两换"的统筹城乡政策措施，推动城乡一体化向更高层次递进。目前嘉兴城乡二元结构达到明显弱化，城乡居民收入比缩小至1.95∶1，明显小于全国（3.33∶1）和浙江省（2.52∶1）的平均水平。

（5）温州民营经济促进城乡一体模式

温州模式核心在于充分尊重和发挥民众的首创精神，利用民营化和市场化来推动工业化和城市化，以及区域城乡经济社会协调发展。主要是地方政府动员和引导民众通过个人、私营和股份合作等形式，大力发展民营经济，并通过民营经济形成的巨大商品市场沟通城乡联系，使城乡经济有机地联系在一起，带动了一大批农村工业的发展，吸纳大量农村剩余劳动力，拓宽农民就业和收入渠道，推动农村产业结构调整，为农村小城镇发展提供了建设资金，改善农村居民的整体素质，使越来越多的农民从农村走向现代工业文明和城市文明，带动了城乡一体化。主要措施包括：以民营经济发展为切入点，着力提高农业生产力水平，促进农业规模经营和产业化；以县域经济为主体加快推进农村工业化转移农村劳动力；建设小城镇，提高城镇化水平，促进农民市民化。

（6）东南沿海地区城乡统筹存在的问题

1）农村剩余劳动力难以真正向城市转移，未完全摆脱对于土地的依赖。这些"亦工亦农"的城市就业者，既不愿意放弃土地，又对所从事的非农产业没有长期打算。这种具有弹性居住的人群，很难受到社会规范的约束，不利于城镇社会秩序的稳定。

2）乡镇企业的城市化动力正在弱化。"离土不离乡"的城市化来源于乡镇企业在改革开放20年期间的持久动力，但是这种动力随着乡镇企业发展环境的变化，正在不断地弱化，乡镇企业可持续发展能力遇到了空前的挑战，进而影响到城市化动力。

3）东部区域大多为经济发达地区，在农村工业化和城镇化的快速发展中，由于忽视了对生态环境的保护，这些区域尤其是广大农村地区的水土环境遭到严重污染，直接阻碍了城乡一体化的可持续发展。

（7）我国台湾地区城乡统筹发展实践

我国台湾地区与浙江沿海都是人多地少，人均耕地0.54亩（浙江沿海人均0.48亩），农业经营规模小，且文化背景相同。20世纪70年代初，台湾地区进入工业化中期，即开始将"以农补工"政策调整为"以工补农"政策，加大对农业的扶持，致力于组织农业共同经营，扩大农业生产规模，推进农业机械化和现代化；80年代继续加大现代农业物质和资本的投入，为农业规模化、机械化提供制度支撑；90年代以"均衡区域发展"为主轴，把农业政策目标由发展农业生产调整为建设"富丽农村"，推进农业自动化、知识化，追求农业、农民、农村和生产、生活、生态的协调发展，从而大大缩小了城乡差别。2006年，台湾地区城乡居民收入之比达到1.35∶1，明显低于我国其他发达省区的城乡差距水平。

3 中部地区

（1）承接转移产业主导型发展模式

该模式的特点是积极承接东部沿海和中心城市转移产业，接受中心城市的辐射带动，加快自身工业化进程，进而推进城乡统筹发展。

中部地区有很多符合此模式的城市，如：皖江示范区内马鞍山、芜湖、铜陵、池州、安庆以及环鄱阳湖南昌、九江、鹰潭等市所辖县。这些县县域产业结构多以集聚发展工业为主，并且倚重承接和集聚发展长三角地区梯度转移产业来加快自身发展。

中部地区的太原、郑州、武汉、南昌、合肥、长沙等地区中心城市周边的县、市，则充分发挥靠近大城市的优势，主动接受大城市的经济、技术、信息和人才等方面的辐射，围绕大城市需要，重点发展为中心城市工业、服务业配套的加工产业，形成了各具特色的支柱产业和拳头产品。

（2）市场导向带动型发展模式

市场经济是开放经济，县域经济也是开放经济。以市场为根本出发点，了解市场的需求和变化，同样能够促进县域经济的发展。这种以市场为导向的经济模式，县域主要城镇分布于水路与陆路、铁路与公路、山区与平原等交汇之间的地区，是大量的人流、物流与车船流的必经交通要道，交通的发达带来集市贸易的活跃和经济繁荣，灵活多样，有很强的适应能力，带动了县域社会经济的全面发展。如，安徽广德县、湖北仙桃市、山西省长治县、河南省巩义市等。

中部地区通过市场导向型来培育县域经济增长点，以县域内的自然、社会、人文资源以及历史特点为基础，发展贸工农、产供销、种养加一体化经营，从而推动县域经济整体发展。这种模式的最大特点是市场成为县域经济发展的桥梁和纽带，对系统的运行发挥着有效的调节和导向作用，在市场竞争中具有很强的应变力和自我发展能力。

（3）特色旅游资源开发促进型发展模式

中部地区不少县域内具有丰富的历史古迹、自然风光、民俗文化，特色人文旅游景观和特色自然旅游景观资源丰富，具有发展旅游业的优势。许多地区通过大打"旅游品牌"吸引四方来客，加快交通、住宿、餐饮等服务行业发展，相应增加更多的就业岗位，不断吸引周边地区人口聚集，迅速完成了农村到城镇的"蜕变"，借助旅游经济实现了县域经济的快速发展和县域城乡统筹发展水平的显著提高。

这些县中有代表性的有山西省平遥县、五台县、安徽省歙县、黟县、绩溪县，江西省婺源县、井冈山市，河南省登封市，湖北省神农架林区，湖南省凤凰县、武陵源区等。

（4）农业产业化带动型发展模式

农业产业化经营是农业大县的县域经济，实现城乡统筹、一体化发展的主要模式。比如，河南省禹州市、沁阳市、临颍县，安徽省全椒县，湖南省望城县，湖北省江陵县等。

这种模式的特征是以农业产业化为催化剂，汇集人流、物流、信息流、资金流，大力发展农产品加工业，推动农村工业化，促进县域经济发展。这种模式的发展思路是以市场经济为出发点，引导农民进入大市场，进一步提高农产品的商品化程度；以农、林、牧资源的深层次开发为前提，以乡镇企业为依托，使农业走上产业化、市场化、科学化和集约化的道路；以农业产业为途径，在农业发展的组织体系上推广"公司十农户"和订单农业，实行种养一条龙、贸工一体化，充分利用农业资源优势，建成一系列高产、高效的农业。

（5）矿产资源开发带动型发展模式

中部地区部分县域矿产资源丰富，通过开发当地矿产资源带动县域经济的发展，进而支撑城乡一体化的实现。不少县域依托矿产资源的开发、加工和运输，不断集聚扩散商品、劳务、信息、资金，逐步发展成为地区商品、物资交换地，县域城乡经济依托矿产资源的开发而繁荣。中部地区县域经济高速发展、位列全国百强县的山西省河津市、孝义市，安徽省淮南、淮北市，河南省巩义市、偃师市等均属于这种发展模式。

这种模式形成的主要条件：当地有市场需求的丰富矿产资源；国家鼓励各种经济主体开发；矿产资源的勘探开发技术要求不高。然而，如果不能高度重视并采取有效措施解决好经济发展与环境保护的关系，矿产资源的开发对这些县域经济发展的带动作用将有潜在的减弱趋势。

（6）中部地区城乡统筹发展存在的问题

从总体上看，中部各省县域城乡统筹发展中面临诸多困难和问题，如整体水平低，经济实力弱；发展不平衡，区域差距大；县域财政困难，难以为经济发展提供支持；经济结构不合理，多数县没有形成特色支柱产业；经济与社会、资源与环境、城镇与乡村协调发展不够等。此外，中部地区各县在推进城乡统筹发展过程中还普遍面临着土地、资金筹措和部分现行政策体制束缚等约束，制约了城乡统筹发展的提速。

4 西部地区

（1）依托农业产业化推进县域城乡统筹发展模式

在西部地区，聚集了一大批对中国食品安全有重要影响的粮棉生产大县、生猪调出大县、油料生产大县、糖料生产大县。这些年，在国家一系列支农惠农强农政策的指引下，西部地区一大批县按照"统筹配套、突出重点、增加规模、提高效益"的原则，在加快推进农业产业化的同时，实现了县域城乡统筹发展水平的提高。

这些市县的典型代表有：新疆库尔勒市、玛纳斯县、鄯善县、石河子市、奎屯市、库车县，四川彭州市、金堂县、邛崃市、梓潼县、简阳市、射洪县、仁寿县、崇州市、大竹县、江油市，重庆开县、潼南县，云南楚雄市，贵州仁怀市等。

这些市县县域城乡统筹发展的一般路径是：依托当地及周边地区丰富的农副产品和劳动力资源，以种植业、养殖业或农产品加工业为主导产业，通过前向和后向联系，把市场销售与农副产品种植、养殖和加工联接起来，通过与农民结成利益共同体，把公司的发展与农民的致富联接起来，把龙头公司的发展壮大与农村城镇化进程联接起来，从而提高了农业经济的市场化程度，提高了农村的城镇化水平，促进县域经济的城乡统筹发展。

（2）依托边境贸易发展推进县域城乡统筹发展模式

边境贸易型是一种特殊的县域经济发展模式，是以地缘优势和开放的区位优势为基础，以邻国间的优势互补性为基础，以边民互市贸易、边境民间贸易、边境地方贸易、出口加工等外向型产业为先导，合理开发资源，建立多种类型的市场，带动本区域内其他相关产业发展的一种县域经济发展模式。

这些市县的典型代表有：西部地区的广西东兴、云南瑞丽、内蒙古二连浩特、满洲里等沿边市、县。

（3）依托发展特色旅游促进县域城乡统筹发展模式

西部地区民族众多，地域辽阔、地理环境复杂多样，再加上历史悠久，从而孕育了极其丰富的自然旅游资源及人文旅游资源。西部地区已经拥有国家级自然保护区34个，拥有国家级风景名胜区40个，拥有国家级森林公园114个。

过去十年中，西部地区涌现出了一批依托旅游业发展，实现县域城乡统筹发展的市县，比如：重庆大足县，四川西昌市、大英县、峨眉山市、都江堰市、广汉市，云南大理市、腾冲县、普洱市，贵州安顺市、遵义县，陕西延安市，新疆特克斯县等。

（4）依托劳务经济发展促进县域城乡统筹发展模式

劳务经济是指劳动力要素通过提供规模性、技能性和组织化的商品性劳务，并以此获得相应的收入与回报，从而成为劳务关联性产业的经济活动。劳务经济的应运而生使农民可以直接用自己拥有的脑力和体力，尤其指体力，农民可主动地跨越地域空间，与他人所拥有的货币资本、技术、信息等进行配置，得到自己所需要的资金。

西部地区是中国人口净流出地区，其中，四川、重庆是中国劳务输出大省。近年来，四川、重庆、甘肃等不少市县，农民工的外出创收，以及返乡农民工在当地的就业创业，成为县域经济城乡发展的重要支撑力量。

（5）西部地区城乡统筹发展存在的问题

1）思想观念相对陈旧。西部县域地区农民由于受教育程度低，观念落后，存在着小农经济意识，小富即安的观念、陈俗守旧的意识，在加之创新意识和竞争意识不足，因而缺少发展县域经济的新思路和新举措，阻碍了农村的发展，导致了西部地区的经济贫困，制约了县域城乡统筹发展。

2）农业基础设施落后，市场发育相对滞后。首先，西部地区农业资源匮乏，开发难度大。西北地区自然生态环境破坏严重，自然灾害频繁发生，严重阻碍了农业的发展；其次，由于西部县域经济发展较慢，市场化改革进程较慢，市场发育水平较低，市场机制在经济活动中的调节作用并没有发挥出来。此外，西部地区交通闭塞、信息的滞后也阻碍了农村和农业发展。

3）环境建设欠账较多。受地理及气候条件制约，西部地区生态环境较为脆弱，不少地方生存发展条件相对恶劣。近些年，由于对土地资源的不合理开发利用以及工业发展中对污染控制力度不够，西部县域的环境问题较为严重，植被破坏、水土流失、水资源短缺、自然灾害频繁等对社会经济的可持续发展造成很大威胁。如果忽视对县域生态环境的保护，无限制地利用自然资源，就会导致资源耗竭，生态失衡，继而破坏县域经济发展的物质基础，使县域城乡统筹发展受到严重制约。

（四）城乡一体化发展的机制分析

城市和乡村在资源上具有互补性、生态上具有共存性、在经济和社会事业的发展上具有相依性。城乡一体化建设的动力机制是指城乡一体化大系统在社会经济、政治、科技、文化等诸种外部环境因素相互影响和相互作用下，一体化建设行为产生的机理。综合学术界已有关于城乡一体化动力机制的研究成果，可以将其归纳为：城乡一体化的动力机制是可以从三个方面去阐述：乡村区域角度、城市区域角度、政策和科技进步（图3-3-8）。其中，政策因素和科技进步对城乡一体化的影响非常关键。

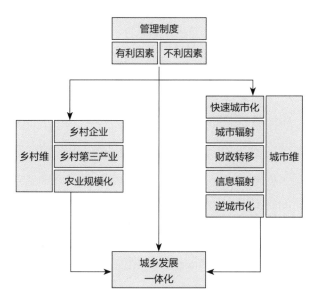

图3-3-8　城乡一体化发展的影响因素分析

1　乡村区域角度

首先，从乡村角度看，下面三点对城乡一体化起了非常关键的作用。

（1）农村工业化在城乡一体化进程中扮演着重要的角色，乡镇企业的崛起是城乡一体化的重要动力。20世纪80年代，随着乡镇企业的崛起，农村工业化受到了广泛的关注。农村工业化是指借助资金、土地、人力等资本要素使机械化生产在农村能够普遍实现，工业化操作的劳动人口在农村人口中占绝大比重，农民最终从土地中解放出来[①]。80年代中期以前，乡镇企业成为中国经济的半壁江山，在我国城乡一体化中有着十分重要的地位。

这点在我国江苏南部最为典型。苏南地区通过发展乡镇企业，走的是一条先工业化、再市场化的发展路径。苏南乡镇企业一开始就是立足为城

① 农村工业化. http://baike.baidu.com/link?url=1_YLsJnQNnUfMBpAGChyq0LdQcJ4a3hRCDkkxsphm6MD4D2c
Hp96SmFDFMRSvBYrk2MeS744IUzD0s_QNi0eP_

市经济配套，与城市各种形式联合创造的产值占苏南乡镇工业总产值的1/3，与城市形成各种形式的企业群体和企业集团，与科研机构形成科研——生产联合体，形成依托城市，依托大企业和科研单位的互相渗透的城乡经济一体化。这些模式为苏南经济的持续发展提供了基础和资金积累。因此，乡村企业发展与城市经济辐射密切相关，并逐步形成城乡经济一体化。

（2）农业第三产业的发展。随着城市化的快速推进和城市居民收入的提高，城市居民对乡村旅游的需求不断增加。在此背景下，休闲农业与乡村旅游成为农村居民点提高收入的重要途径之一，具有强大的生机和广阔的发展前景。早在19世纪30年代欧洲已开始了农业旅游。我国是一个历史悠久的农业大国，农业地域辽阔，自然景观优美，农业经营类型多样，农业文化丰富，乡村民俗风情浓厚多彩，在我国发展休闲农业具有优越的条件。

这在我国大城市周围表现得尤其明显，下图显示北京市乡村旅游的增长情况（表3-3-8）。北京市乡村旅游包括农业旅游和民俗旅游两部分。从2005年到2014年农业观光旅游从2005年的近900万人次增加到2014年近2000万人次，增长了一倍多，经营总收入增加了2倍多。2000年以来，我国乡村旅游和民俗旅游得到了长足的发展，进入了快速增长期。

2005~2014年北京市农业旅游和民俗旅游增长　　表3-3-8

项目	2005	2006	2007	2008	2009	2010	2011	2012	2013	2014
农业观光园个数（个）	1012	1230	1302	1332	1294	1303	1300	1283	1299	1301
接待人次（万人次）	893	1211	1447	1498	1597	1775	1843	1940	1944	1911
经营总收入（亿元）	8	10	13	14	15	18	22	27	27	25
民俗旅游接待人次（万人次）	758.9	982.5	1167.6	1205.6	1393.1	1553.6	1668.9	1695.8	1806.5	1914.2
民俗旅游总收入（亿元）	3.14	3.65	4.96	5.29	6.09	7.35	8.68	9.05	10.20	11.25

（3）通过为城市服务带动城乡一体化建设。在大城市周围，以城乡服务业的统筹发展为支持，也可以促进城乡产业一体化发展、完善发展城乡市场体系。如2010年山东平度（县级）市重点实施了山东半岛物流园大力发展交通，完善城乡流通市场体系，提升现代服务业对城乡产业一体化发展的辅助作用。2010年全市国省县乡村道通车总里程4939.9公里。其中高速公路197.1公里，国道82.1公里，省道415.6公里，县道361.7公里，乡道531.5公里，村道3352.1公里；村村通路达到2348.2公里。在发展交通的基础上，为积极开拓城乡市场，支持流通企业与生产企业合作建立区域性农村商品采购联盟，用现代流通方式建设和改造农村消费品流通网络，进一步提高农村商业服务产业一体化发展需要的能力，构建符合农村经济发展需要、以城带乡、城乡一体化的现代流通网络，加快城乡一体化进程。

（4）农业规模化的推行。在推动城乡一体化的进程中，农业规模化起到了不可替代的作用，推行农业规模化，可使过去的精耕细作改为机械化大生产，用机械代替劳动力，有利于现代农业科技的运用，极大地解放了农村劳动力，提高了劳动生产率。同时，也为城市化和城市经济发展提供了充足的劳动力。因此农业规模化和提高劳动生产率是提高农民收入的重要途径，也是推进城乡一体化的重要的内部动力之一。在农业主产区，农业规模化是城乡一体化的关键动力。这在一些地广人稀的发达国家可以得到验证，如前文所述，美国通过农业规模化，极大地提高了农业生产率，提高了劳动效率，使得农民和农场主得到更高的收入，实现了城乡一体化。我国人均耕地较少，但是随着城市化的快速推进，农业主产区实现耕地规模经营已成为乡村农业发展和实现城乡一体化的重要途径。

近年来，我国耕地流转现象非常普遍，在全国水平上约12%的农户参与了土地流转；在一些省份，土地流转率已经超过了20%。这在一些发达地区更为明显，44%的农户参与了土地流转。土地流转是土地规模经营的前提和基础，近年来，我国政府逐渐重视土地规模经营和土地流转问题，这必将有利于农业现代化，增加农民收入，促进城乡一体化。正如中共中央、国务院印发2014年《关于全面深化农村改革加快推进农业现代化的若干意见》中强调：发展多种形式规模经营。鼓励有条件的农户流转承包土地的经营权，加快健全土地经营权流转市场，完善县乡村三级服务和管理网络。探索建立工商企业流转农业用地风险保障金制度，严禁农用地非农化。有条件的地方，可对流转土地给予奖补。

2 城市区域角度

从城市角度来说，城市化和工业化是乡村工业化的主要动力，农地规模化、农村休闲农业的发展和乡村工业化都和城市化紧密相关。

首先，城市经济的发展为乡村劳动力进城务工提高了广阔的机遇。改革开放后，我国经济快速发展，城市化进入快速发展时期。进入新世纪以来，中国的城市化速度明显加快，年均递增1.3个百分点。根据城市化的"S"形曲线，中国的城市化已进入快速发展期。2014年底城镇人口7.49亿人，占总人口比重约为54.85%（图3-3-9）。城乡人口的大规模转移为乡村耕地规模化经营提供了可能，也为快速增加农民收入提供了机遇。

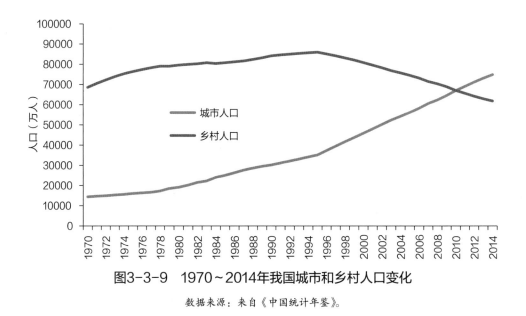

图3-3-9　1970~2014年我国城市和乡村人口变化

数据来源：来自《中国统计年鉴》。

其次，城市现代化是通过城市现代化建设，提高中心城市的经济辐射能力、吸引力、综合服务能力，使城市对乡村的带动能力增强，对区域内乡村的发展起到助推作用。进入21世纪，中国的发展战略将转变为以城市带动乡村，由此给城市赋予以新的历史使命：反哺农村，带动乡村发展。
主要表现在以下几个方面：

（1）财政带动

进入21世纪后，中国提出了建设社会主义新农村，就是要国家更多的
支持农村，将公共财政的阳光普照于农村。而公共财政收入主要来源于第
二、三产业集中的城市。正是由于农业税收在整个国家的财政收入中比例
日益降低，中国才有可能一举免除延续数千年的农业税费。免除农业税以
后，国家不断加大对农村的财政投入，消除长期存在的城乡二元结构问题。
从1995年到2012年间，在农村居民收入中，转移性收入在农民的主要收入
中增长速度最快，增长了11倍（图3-3-10）。远远高于农村家庭经营纯收入
和财产性收入（注：转移性收入是指农村住户和住户成员无须付出任何对应
物而获得的货物、服务、资金或资产所有权等，不包括无偿提供的用于固定
资本形成的资金。一般情况下，指农村住户在二次分配中的所有收入）[1]。

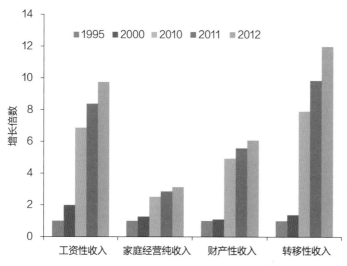

图3-3-10 1995~2012年农民转移性收入增长

数据来源：2013年《中国统计年鉴》，2014年后没有此统计内容。

---

[1] 二次收入分配，也称为国民收入的再分配；主要是发生在就业者（包括雇主和雇员）与非就业者（包括已经失去劳动能力和作为就业者边缘群体的失业者）之间。再次分配是指经济主体不必直接通过劳动而可依法获得的收入，如退休工资、（官员的）退休金、失业补贴等；或是国家或其他经济主体自愿的资助。把功能收入中的一部分拿出来通过税收和社会保险系统进行重新分配，构成了初次收入分配之后的二次收入分配。

如2010年的中央一号文件《中共中央国务院关于加大统筹城乡发展力度，进一步夯实农业农村发展基础的若干意见》提出：未来政府农业转移性投入的力度可能进一步增加。继续加大国家对农业农村的投入力度。按照总量持续增加、比例稳步提高的要求，不断增加"三农"投入。要确保财政支出优先支持农业农村发展，预算内固定资产投资优先投向农业基础设施和农村民生工程，土地出让收益优先用于农业土地开发和农村基础设施建设。各级财政对农业的投入增长幅度都要高于财政经常性收入增长幅度。预算内固定资产投资要继续向重大农业农村建设项目倾斜。耕地占用税税率提高后，新增收入全部用于农业。继续增加现代农业生产发展资金和农业综合开发资金规模。政府对农业投入的力度加大将促进城乡一体化的进程。

（2）就业带动

在现代化进程中，城乡差别日益扩大，其重要原因是农民收入增长缓慢，而在人多地少资源约束条件下，依靠农业自身，实现农民收入的持续增长几乎是不可能的。进入21世纪，城市带动乡村的重要机制是就业带动，通过城市和工业发展，为农村人口提供更多的就业机会。从中国近30年改革开放历程看，凡是农村人口转移最快的地方，三农问题就相对缓和。

随着"腾笼换鸟"步伐的推进，淘汰落后产业和老城区企业搬迁过程中将出现大量失业人员和再就业人员，需要跟进服务。同时，随着（2014~2020）国家新型城镇化规划实施和城镇化战略的推进，农业转移人口在今后7年时间里将大量增加，加上处于高峰期的高校毕业生等群体，今后一个时期，就业等公共服务需求数量将急剧增加。

（3）信息化带动

当今的中国农村已深深卷入到全球化、现代化和开放体系之中，但农民组织方式仍然是以小农户为基础，构成社会化小农经济体系。农业和农村发展最需要的是获得及时、有效的信息，实现小农户与大市场、小农民与大社会的对接。城市是现代信息的源泉，城市通过种种渠道，为农村和农民提供所需要的信息，促使改变千百年来农村封闭的格局，从而带动农村转型发展。

（4）利用大城市的强烈辐射，促进城乡一体化

如上海市"城乡统筹规划"的城乡一体化发展模式是把上海城乡当作一个整体，优化城乡产业结构、加强城乡居民之间的经济联系。20世纪90年代，随着乡镇企业的迅速发展，上海城乡经济的联系在深度和广度上都发生了历史性的变化，城乡之间的要素流动逐步加速。上海提出"农业定位于都市农业，农村定位于郊区，农民定位于现代农业劳动者"等方针；进入21世纪，上海市各级政府对郊区农村建设的投入力度不断加大，郊区城市化进程显著加快。凭借上海市雄厚的经济基础和强大的辐射力，上海市城乡取得了巨大成就：

1）城乡收入保障差异显著缩小。到"十二五"期末，建立以从业状态为参保条件的社会保障体系。提高农村养老保障水平，实现新型农村合作医疗制度与城镇居民医疗保险筹资与保障水平的接轨。加大对农村、农民的转移支付力度，进一步提高农村居民转移性收入。

2）城乡公共资源配给趋于均衡。到"十二五"期末，城乡义务教育阶段生均公用经费比进一步缩小。郊区农村路网密度和基础设施水平明显提高。基本实现郊区农村地区集约化供水。

3）城乡经济发展方式有效转变。到"十二五"期末，服务业增加值占郊区生产总值比重提高到40%左右。郊区农村经济发展活力进一步增强。农业生产方式进一步转变，生态高效农业得到快速发展。城乡产业结构进一步优化，服务经济规模继续扩大。

最后，逆城市化的发展为城乡一体化提供了机遇。从20世纪70年代开始，西方发达国家中很多出现了各种要素由城市向城郊或者小城镇迁移的现象，导致大城市中心城区人口减少，工业、零售业等萧条。最具典型的是美国，中心城市人口比重1950年为56.7%；1960年为50.17%；1970年降到了40.69%。而郊区人口比重则从1950年的43.23%增加到1960年的49.83%，再上升到1970年的54.19%。于是在1976年，美国城市规划师贝利（B.J.Berry）首先提出逆城市化（deurbanization）又称反城市化（counter urbanization）的现象。

逆城市化现象现在在中国东部一些发达地区城乡间已悄然出现。近年

来，随着中国东部经济的发展及新农村建设步伐的加快，"户口在农村，可以享受到村集体经济分红、征地补偿、回迁安置房等收益。"农民身份获得的利益越来越多。在中国东部一个经济发达的县，甚至出现了把户口迁往农村的现象。

然而，并非所有"逆城市化"现象背后都是巨大的利益诱惑。在东部，相当一批人选择离开大城市，与无法支付高额的生活成本有关。在东部，相当一批人选择离开北上广等一线城市，与无法支付高额的生活成本有关。随着一线城市生存压力加大，从农民工到普通白领，许多人现在对大城市失去了兴趣。

3 政策和体制因素

体制因素在城乡一体化中也起着非常重要的作用。城乡二元结构现象分割我国城市和乡村；相反，改革开放和户籍制度改革有利于打破城乡分割壁垒，促进我国城乡一体化进程。

结构主义发展经济学认为，发展中国家早期发展阶段普遍存在明显的城乡二元结构现象。一方面，广大农村依然是工业革命以前的传统社会，农业部门主要依赖土地、使用人力进行生产；另一方面，为数不多的城市却是殖民主义输入以后逐步进行工业化的现代社会，工业部门主要依赖资本、使用机器进行生产。我国新中国成立后，实行的计划经济，二元结构现象在我国表现得尤为明显。1958年1月9日，全国人大常委会第九十一次会议讨论通过《中华人民共和国户口登记条例》。这标志着中国以严格限制农村人口向城市流动为核心的户口迁移制度的形成。另外，通过建立人民公社制度，用统购统销制度控制主要农产品的收购和供应。

在20世纪六七十年代的工业化进程中，城乡二元体制进一步拓展和强化。在工农产品交换方面，农产品收购价格长期偏低，农业生产资料和农村日用消费品价格未随技术进步和生产效率的提高而降低，形成工农产品交换价格"剪刀差"。在基础设施建设方面，农村主要由集体经济组织和农民自己投入，城市则由公共财政投入。在社会保障方面，农村除五保户供养、合作医疗由集体经济组织负担费用外，没有其他任何社会保障；城市则由"单位"提供较为完整的社会福利待遇。特别是户籍管理制度的作用领域得到极大拓展，覆盖到就业、入伍、上学、选举、赔偿等多个方面，成为城乡二元体制的核心制度安排。

城乡二元体制的形成、拓展和强化，使我国的城乡二元结构不仅未能随国家工业化的发展而逐步消弭，反而进一步强化。城乡二元体制延长了城乡二元结构的存续期，城乡差距的持续扩大使消除城乡二元体制必须付出的成本越来越高。

具体来说，影响城乡一体化的主要因素包括：城乡二元户籍制度和土地制度。

（1）城乡二元户籍制度

城乡二元户籍制度之所以成为制约我国城乡一体化发展的制度障碍，不在于其对农业户口和非农业户口的区分，而在于其户籍上所附加的各项福利制度。虽然自改革开放以来，各地政府一直在探索城乡二元户籍制度改革方案，尤其是从2003年开始，我国先后有河北、辽宁、江苏、浙江、福建、山东、湖北、湖南、广西、重庆、四川、陕西、云南等13个省市相继取消了对农业农户和非农业户口性质的划分，统一登记为本地居民户口。但这些改革举措并没有从根本上撼动户籍制度所附加的各项福利待遇，居民仍被划分为城镇居民和农村居民，享受差别化的待遇和机会。户籍制度的两大传统功能虽然有所弱化，但依然在发挥作用：一是保护城市劳动者优先获得就业机会；二是排斥农村迁移者均等享受城市各项社会福利待遇。

户籍制度改革进程之所以如此缓慢，与中央和地方政府财力制约有很大关系。中国目前有2亿多农民工，如果以人均8万元左右的市民化成本来计算，平均每年政府要投入1.6万亿元。以2013年中央、地方财政收入估算，农民工市民化的成本是中央财政总收入的37.59%，是地方财政总收入的21.93%，任何一级政府都难以单独承担。目前中央和地方财权与事权不统一的体制弊端也在一定程度上阻碍了户籍制度改革进程。

1）现行中央和地方财政关系不合理

城乡二元户籍制度改革，不是一纸户口凭证的统一所能解决的问题，实现农村人口向城市人口的转变，实现农民工市民化的转变，需要有完善的基本公共服务体系的支撑，而这又需要强大的财力保证。自分税制改革以来，我国初步建立了分级分税财政管理体制的基本框架和政府间财政转移支付制度。但由于现行分税制财政管理体制在中央和地方政府事权的划分上基本沿用传统体制下的划分办法，对各级政府事权的划分过于原则、粗线条，导致各级政府间事权交叉重叠模糊、界限不清等问题，使得政府"缺位"和"越位"行为时有发生，基本公共服务难以得到有效提供。现实情况是，地方政府尤其是县乡政府事权过重、支出责任和收入能力严重不匹配，造成过分依赖土地出让金收入，也严重制约了地方政府基本公共服务的供给能力。虽然近年来各级政府均加大了财政支出投向民生方向的比重，但还远远不能满足基本公共服务均等化的要求，也使得户籍制度改革未能取得实质性进展。

2）现行地方政府绩效考核体系不科学

在城乡二元土地制度框架下，地方政府大力推进农村宅基地置换和承包土地的流转，除为了获得土地出让金以外，更与提高政府和官员绩效考核水平密切相关。现行地方政府绩效考核体系的核心就是GDP指标，地方政府为提高本地区的经济总量千方百计扩大招商引资力度，吸引重大项目或龙头企业入驻以拉动经济增长。而项目和企业的进驻需要承载空间，但在很多地方，国家每年划拨的建设用地指标远远不能满足地方经济发展的需要。因此，各地均热衷于通过推行农村土地制度改革以置换农村土地，而农村土地的模糊产权以及农民的弱势地位使得失地失业农民的权益难以得到保障。因此，现行地方政府绩效考核体系的唯GDP论是迫使地方政府盲目追求土地开发和城市扩张的根本原因。

3）粮食统购统销政策的推行加速了城乡分离

从20世纪50年代初我国开始实施工业化建设战略，落后的农业生产特别是落后的粮食生产难以满足大规模的工业化建设需要，产生了矛盾，结果出现粮食供应紧张的局面。从1952年下半年开始到1953年，国家购入的粮食数量抵不上支出数量，出现了严重的粮食赤字。于是国家在粮食流通领域推出了统购统销政策，以消除粮食紧张局面。粮食统购统销政策的推行，使得农民逐渐失去了自主支配生产成果的权利，工农业产品的"剪刀差"问题就产生了，据有关统计，到70年代末，国家通过"剪刀差"从农民那里拿走了6000亿元。另外统购统销还限制了农民的区域流动和社会流动，因为城市的粮食由国家统一供应，农民无法从城市获得粮食供应，这样农村人口便无法向城市流动。此后，政府发布了若干文件，具体明确了这一原则，客观上在社会形成了吃商品粮与不吃商品粮的两部分群体。

4）劳动用工制度人为造成城乡分割

自20世纪50年代初实行的劳动用工制度原则上只负责城市非农业人口在城市的就业安置，不允许农村人口进入城市寻找职业。1957年12月13日国务院发布《关于各单位从农村中招用临时工的暂行规定》，明确规定城市各单位一律不得私自从农村中招工和私自录用盲目流入城市的农民，甚至还规定临时工亦必须尽量在当地城市中招用。这样也就使农村人务农、城市人做工成为"天经地义"的"社会分工"。

5）社会福利制度呈现城乡不平等待遇

对城市职工，国家规定可以享有各项劳保待遇，如公费医疗、休养、退休养老金直至丧葬、抚恤费等等。此外，20世纪50年代形成的城市社会福利制度还保证了城市人口可享受名目繁多的补贴，在业人口可享有单位近乎无偿提供的住房等。所有这些，都是农村人口所可望而不可即的"殊荣"。此外，还存在住宅制度、婚姻制度、教育制度、生产资料供给制度等等，这些制度人为地在城市和农村社区间划上了一道难以逾越的鸿沟，形成了我国独特的城乡二元社会格局。自此，我国城市和农村之间便发生了断裂。

（2）城乡二元土地制度

随着我国城市规模的扩张和城镇化进程的加快，对土地的需求也不断增加。在最严格的耕地保护制度和最严格的节约用地制度约束下，唯一可行的路径就是通过土地征用和土地承包经营权流转等方式实现对农村土地的置换。由于历史原因，我国形成了城市土地国家所有、农村土地集体所有的城乡二元土地制度。农村土地集体所有制的模糊产权使得农民无法从土地使用权等权益的流转中获得长期的增值收入。虽然国家通过《农村土地承包法》、《农村土地承包经营权流转管理办法》、《物权法》等法律制度规定土地流转要采取依法、自愿、有偿的原则，且不得改变土地所有权性质、不得改变土地的农业用途、不得损害农民利益、不得超过承包期剩余期限，并规定可采取转包、出租、互换、转让、股份合作制等流转方式。但在具体实践过程中，由于中央政府、地方政府和农户三大主体对土地的功能差异，"不可能三角"意味着处于弱势地位的农民的权益得不到应有的保护，"强制"或"半强制"的做法、损害农民利益的行为时有发生。

中央政府追求的目标是通过增加农民收入缩小城乡收入差距，并确保国家粮食安全；地方政府追求的目标是通过征地获得财政收入，并通过土地开发投资促进GDP增长以提高政府绩效；农民追求的目标是增加收入，并获得稳定的社会保障。

虽然《土地管理法》规定，属于农民集体所有的土地主要由村集体经济组织或者村民委员会来经营、管理。但现实情形是，村集体经济组织实际上并不存在，而村民委员会属于准行政组织，其干部任命一般都是由上一级政府委派。这种模糊产权使得地方政府在多方博弈中影响力最强，在征地和土地流转过程中获得较多收益，而农民的影响力最弱，无法获得持久的保障。据我们对北京市昌平区南邵镇金家坟村的调查，房地产开发商仅凭政府批准的几亩地建设用地指标，向村民宣传说政府已批准了对全村土地的征用，将全村的土地用于房地产开发。据一位村民反应，他占地20亩工厂被占用，两个宅基地共900平方米的房产被强行推倒，至今未能得到任何补偿，其向各级部门反映，均未得到回应。

改革开放政策作为我国城乡一体化的外部动力将影响我国城乡一体化进程的始终。在党的十一届三中全会到党的十八大期间，政府为破除城乡二元体制、改变城乡二元结构，做出了很多努力。

进入21世纪，随着城市化的快速推进，各级政府尤其是中央政府对乡村发展和城乡统筹发展给予了前所未有的关注。党的十八大指出，推动城乡发展一体化。解决好农业、农村、农民问题是全党工作重中之重，城乡发展一体化是解决"三农"问题的根本途径。

近年来，政府对我国农业、农村发展的支持力度不断增加。如"中央一号文件"原指中共中央每年发的第一份文件，该文件在国家全年工作中具有纲领性和指导性的地位，现在已经成为中共中央重视农村问题的专有名词。中共中央在1982年至1986年连续五年发布以农业、农村和农民为主题的中央一号文件，对农村改革和农业发展做出具体部署。2004年至2015年又连续十二年发布以"三农"（农业、农村、农民）为主题的中央一号文件，强调了"三农"问题在中国的社会主义现代化时期"重中之重"的地位。

因此，政策因素在城乡一体化过程中有着十分关键的作用。

最后，科技进步和产业发展是推进城乡一体化的根本动力。农业经济发展到一定阶段后分离出工业部门，而工业的发展主要集中在城市，又推动了城市化进程。工业和城市的发展，又催生了第三产业的发展。因此，认为农业是推进城乡一体化的原始动力，工业是城乡一体化的根本动力，第三产业是城乡一体化的后续动力。只有加大产业之间的关联度，夯实发展基础，才能真正实现城乡一体化。产业发展是吸纳城乡就业和实现农民身份转变的有效载体。推进城乡一体化的过程，实际上是不断把农村富余劳动力解放出来，实现就业和致富的过程。产业的发展，尤其是工业和服务业的发展，有利于农村富余劳动力向非农产业和城镇转移，从而保证农民收入持续稳定增加，实现农民收入与社会收入的同步增长。只有解决了农民就业和收入增长问题，才能真正实现其生活方式的根本转变，也才能为城乡一体化提供有力的保证。

（五）区域城乡一体化发展战略

1 总体思路

以科学发展观为指导，根据我国不同区域的自然与社会经济特征，在加快工业化和城市化进程的同时，以全面实现农业现代化、确保农民福利持续增长、农村社会稳定、生态环境优美为基本目标，调整国民收入分配格局，建立"以工补农、以城带乡"的长效投入机制，扭转当前仍然存在的城市偏向倾向，加强新农村建设；不断壮大县域、镇域经济，整合、优化城乡资源，加速城乡一体化步伐；大力发展集生产、生活、生态三位一体的现代农业，内涵包括：提高农民专业化组织化水平的农业生产工厂化/集团化；缩小城乡差距的农民生活现代化；农村生态环境优美化；最终形成以城带乡、以工促农、城乡互动、协调发展的格局。

2 基本原则

在我国不同区域采取以工促农、以城带乡举措，建设新农村，实现城乡统筹发展，应遵循如下原则：

（1）政府主导，农民主体，市场运作

以工促农，以城带乡是政府行为，政府的主要职能是制定发展规划，调整发展战略，进行市场监管、公共管理和社会服务，确保以工促农，以城带乡的方针落实到实处。但在具体实施时，应充分尊重农民群众在新农村建设和发展农业农村的主体地位。即以工促农、以城带乡必须满足当地农民最迫切的需求，给农民带来实实在在的好处；充分调动和发挥农民自身的积极性和创造性，因为只有农民才是新农村建设和农村发展的实施者。此外，实施过程中应发挥市场对资源配置的基础性作用，不能让政府去替代市场本应发挥的功能。

（2）统一筹划，扭转城市偏向，工业化、城市化与农业、农村协调发展

当前，我国很多区域工业化已进入中后期阶段，实施城乡统筹发展的力度也不断增加，但在社会经济发展中仍存在城市偏向现象，主要表现在财政支出中农业支出比重下降、全社会固定资产投资中城镇投资比重居高不下、农村教育资源流向城镇、农地征用费用低及收益使用偏向城市等。因此，今后在大力发展工业和城市过程中，千万不能忽视农业现代化发展和农村的建设，这是真正模糊二元结构、实现农民增收、城乡协调发展的基础。工业化、城市化需要与农业农村协同发展，是我国不同区域开发的重要基本原则之一。

（3）因地制宜，发展措施与模式多元化

我国不同区域在经济社会发展中存在着显著差异，因此在进行城乡统筹与农村发展建设过程中，应探索不同的发展道路，因地制宜地实施不同的模式和措施，避免"统一模式"。譬如，我国一些经济发达省区在城乡统

筹的实践中，各地就根据自身的实际情况不断探索，形成一系列有名的城乡一体化发展模式。如浙江省有以"两分两换"为基础的"嘉兴模式"和以民营经济促进为基础的"温州模式"；江苏省有以乡镇企业为主导的"苏南模式"；珠江三角洲有以城带乡为主线的"珠三角模式"；上海有城乡统筹规划的"上海模式"，等等。总之，每个地区应根据经济发展实际水平，走与自身发展阶段相适应的城乡一体化道路，再用一个所谓的统一模式来统领区域城乡一体化的发展格局是不现实的。相反，多元化的发展方式选择必然带来多元化的发展。

（4）政策引导，社会参与

要通过政策因素，调动全社会参与以工促农、以城带乡、城乡协调发展的积极性，引导全社会来关注农业、关心农民、支持农村。今后，要进一步发挥政策导向作用，通过财政贴息、以奖代补、税收优惠等形式，引导城市和社会资金、技术、人才等生产要素流向农村，充分发挥工业对农业的支持和反哺、城市对农村的辐射和带动作用。

3 不同区域城乡一体化实现路径

（1）城乡一体化发展区域的划分

我国不同区域的城乡一体化的发展水平存在显著差异，而这种差异跟城镇的快速发展、城镇的分布关系非常密切。在经济发达、人口密集的区域，城市经济或乡镇的快速发展可为非农经济反哺乡村提供强大基础，该区域的城乡一体化水平一般也会很高，如长江三角洲和珠江三角洲。为了更有针对性地提出我国不同区域城乡一体化的发展路径，我们首先对我国主要城市/城市群的分布进行简要梳理，然后再结合单位国土面积上的经济承载量（人口密度与人均产值的乘积），对我国进行区域划分。

在我国，一些学者对我国主要城市群的范围进行了界定，这里首先借鉴我国已有的城市群的相关研究，分析了我国主要城市群的空间分布。这些城市群往往是我国城乡一体化比较成熟的区域。主要包括：长三角城市群、珠三角城市群、京津冀城市群、山东半岛城市群、辽中南城市群、海峡西岸城市群、中原城市群、徐州城市群、武汉城市群、成渝城市群、长株潭城市群、哈尔滨城市群、关中城市群、长春城市群、合肥城市群等。

我们用单位国土面积上的经济承载量（人口密度与人均GDP的乘积）来表达区域的经济发达程度和人口聚集程度，以此为依据，将我国大陆地区分为四类区域，其实际上也代表着四种不同城乡一体化发展水平的区域。

- 经济发达区域（城市密集区区域或大都市区附近的农村区域）；
- 经济较发达区域（平原农业主产区）；
- 欠发达区域（广大的低山丘陵区）；
- 偏远区域（西北、西南和青藏高原等大部分区域）。

（2）不同区域城乡一体化发展路径

1）城市密集区周边乡村区域的城乡一体化发展

在我国大城市周围，这些区域城乡经济密度都比较高，基础设施好，村镇非农经济和设施农业发展都较好，辐射力强。这些区域多以城市为中心，"自上而下"形成了紧密联系，也就是强调了以城市为中心，资源要素从城市到乡村的流动来带动乡村地区的发展。在这些区域，城市的辐射能力越强，其对乡村推动效应越强。这些经济发达区域可以看作是城乡一体化较为发达的区域。

在空间分布上，这些区域主要分布在我国主要城市群周围，如京津唐城市群周围、长江三角洲城市群周围、珠江三角洲城市群周围，山东半岛城市群、辽中南城市群、海峡西岸城市群、中原城市群、武汉城市群、成渝城市群、长株潭城市群、哈尔滨城市群、关中城市群等。

未来这些区域城乡统筹发展的重点是：加强社会保障和服务建设，全面推动和完善城乡一体化进程。如京津冀地区的乡村可以结合十三五规划，利用轨道交通和公路，大力发展乡村休闲农业、旅游农业和设施农业，提高劳动生产率，建设城乡一体化示范区。在北京和上海这些大城市周围，可以借鉴"精细休闲农场出租模式"，提高农业附加值。

2）主要农业区的城乡一体化发展

这类区域主要分布在我国平原农业主产区内，区域人口密度较大，经济密度也较高。相比其他偏远乡村地区，这些区域村镇经济发展相对较为发达。这些区域是我国商品粮生产的关键区域，是保障我国粮食安全的基石。

在空间上，这些区域包括长江中下游平原农业区、四川盆地农业区、黄淮海平原农业区、松嫩三江平原农业区、辽宁平原农业区、燕山太行山山麓平原农业区、冀鲁豫低洼平原农业区、汾渭谷地农业区、粤西桂南农林区等。

此区域的城乡发展一体化应该重点围绕"十三五"规划提出的总目标，实现稳粮增收、提质增效、质量安全、持续发展，特别重视在面、线、点三个层面上实现城乡一体化。

在面上：在现有农业经济发展的基础上，应当更加注重乡村文化景观建设，促进乡村特色经济发展，注意现代农田整治和农田规模经营，注重农业的规模化、专业化、标准化和现代化。

在点上：注重一些重点城市建设，以点带面，以城带乡，从而更好地促进城乡融合。

在线上：充分利用比较完善的交通线，结合基础较好的城市，进一步完善镇（乡）和农村居民点建设，完善社会保障和服务。

在模式选择上，要严格保护耕地，加强土地整治，增加农业水利等基础设施投入，以农业为依托，提高农业的附加值；同时，政府要增加转移支付的力度，确保稳粮增收。

在东北地区，人均耕地大。在这些区域，可以进一步促进土地流转，增加土地经营的规模，使农业向农场化方向发展。长江中下游地区人均耕地低，同样要消除土地流转制度障碍，促进土地适当规模经营。同时，这些区域离大城市也比较近，设施农业和高附加值农业对这个区域的乡村发展也很重要。

3）山区城乡一体化发展

山区可以分为南方山区和北方山区，这种划分主要以秦岭和淮河为界。这些区域在快速城市化过程中面临年轻劳动力快速转移的问题。一方面，这些区域的年轻人口可能快速减少，转移到其他城镇化地区；同时，这些区域也可能是承载高山和偏远地区转移人口的重点区域。这些区域村镇经济相对薄弱，大多处于低山丘陵地和河谷地区。

在空间上，这些区域包括：晋东豫西丘陵山地区、晋陕甘黄土丘陵沟垦区、豫皖鄂平原山地区、浙闽丘陵山地区、江南丘陵山地区、秦岭大巴山区、川鄂湘黔边境林区、南岭丘陵山地区、滇南地区、黔桂高原山地区、陇中青东丘陵区，等等。

由于我国很多特色农业、休闲农业都在这个区域内。未来这些区域应大力发展特色农业、有机农业和休闲农业，如山区果园、茶园等。此区域城乡一体化过程中应该注重"点线结合"。

在点上：注重一些重点县城和重点镇的建设，从而更好地促进城乡融合。充分利用比较完善的交通线，结合基础较好的城市，进一步完善镇（乡）和农村居民点建设，完善社会保障和服务。

在线上：在我国山区，河流山谷地带（"线"）往往是农村居民点和人类活动集中的地区，绝大部分交通线也从河流山谷中穿过。在未来城乡一体化过程中，应该重视河流山谷的可持续利用，促进生态和经济的协调发展。

南方山区的城乡一体化和北方山区有所区别，北方山去水资源短缺。随着高山区人口迁出，未来北方山区河谷附近人类活动可能进一步增强，这些区域的城乡一体化建设过程中，水资源集约利用非常关键；河流断流和地下水下降往往是这些区域城乡协调发展的瓶颈。

南方山区降水资源丰富。同样，山区河谷地带是人类活动集中区域，人类活动强烈。而南方山区降水较为集中，主要集中在夏季。在城乡一体化过程中，减少山区河谷地带的人类活动，减少水土流失应该是我们关注的重点。当前，在这些区域，矿山开采、道路建设和其他建设用地是水土流失的主因。

4）西北地区和青藏高原地区的城乡一体化发展

这些区域多为人口密度稀少的区域，有些地区是无人区。由于自然条件的限制，这些区域大多是我国经济落后区域。由于城市化的快速发展，这些区域人口迁出（包括政府大规模的移民安置），使得区域生态压力逐渐减轻。未来，应该结合人口流失的时序，评估和预测这些区域生态恢复的节奏；在一些有条件区域（一些重点村镇），建设一些居住区，加强这些居住区的基础设施建设，改善居住条件，推进富有本地区特色的城乡一体化进程。

这些区域乡村应该注重"点"（乡、镇、村的农村居民点）上建设。

结合十三五规划，在城乡一体化建设过程中，义务教育、医疗卫生、社会保障和公共安全将成为城乡一体化推进的着力点和关键点。

另外，基于现有的城乡一体化发展模式，不同区域也应结合其已有的自然条件和区位特征，选择适合其自然、社会经济特征的城乡一体化的具体模式。在前面已有的模式中，我们发现我国第二级阶梯中，由于地形复杂，不少区域具有丰富的历史古迹、自然风光，而且第二级阶梯的东部边缘集中了很多大中城市，这种独特的自然环境和有利的地理区位为旅游业发展提供了条件，具有发展旅游业的优势。许多地区通过大打"旅游品牌"吸引四方来客，完成了农村到城镇的"蜕变"。未来随着人们生活水平的进一步提高，旅游业可能还会具有较大潜力，这些区域借助旅游业可以进一步实现城乡一体化。

而在安徽、江西和湖北的交界处，则是借助我国东部发达的经济的区位优势，在东部经济产业升级的过程中，实现了"承接转移产业主导型"的城乡统筹发展模式。

综上所述，不同区域具体发展模式应该结合当地的自然条件、地理区位和经济发展基础，选择重点区域，不断探索，逐步实现本区域的城乡一体化，促进区域经济、社会和生态的协调发展。

（3）区域城乡一体化发展的对策与建议

1）调整基本建设投资和财政支出结构，加大对"三农"的支持力度

我国2014年全社会固定资产总投资512761亿元，但总投资中农林牧渔行业所占份额仅为2.3%，与发达国家相比相差甚远。总体看，我国国民收入分配格局扭曲的局面尚未根本改观，各地区基本都呈现同一趋势，突出表现为税收的分享结构严重向城市、工业倾斜。

因此，各地区应进一步调整国民收入分配格局，加大工业反哺农业的力度，通过政府主导和制度，使国家、省级财政收入、基本建设投资和信贷投资逐步由当前的以城市、工业建设为主向更多的支持农村建设转变，促进城乡协调发展。

建议国家将全社会固定资产投资总量中农林牧渔所占比例由目前的2.3%提高到5%以上；财政支出中农村和农业事业所占份额也要相应提高；投资应向经济相对落后的地区西北、西南、中部等一些地区倾斜。

新增投资应优先投向农业基础设施和农村民生工程。主要包括：基于规模化、标准化的现代农业园区的农业生产基础设施建设；疏浚河道、整治塘沟、提升农村水系引排能力的防污工程；农村饮水安全工程；推广沼气和开发农村新型洁净能源与可再生能源工程等；以及其他与提升农民生活品质相关的民生工程。同时，应加强种养业良种体系、农业科技创新与应用体系、动植物保护体系、农产品质量安全体系、农产品市场信息体系、农业资源与生态保护体系、农业社会化服务与管理体系等方面的建设。

另需指出的是，我国当前农业贷款占贷款总额的比重在6%左右，全国金融机构空白乡镇是2000多个，一些地处偏僻的贫困乡村甚至成为金融服务空白点。因此，在增加"三农"投入的同时，各地区应深化农村金融体制改革，增加新的金融渠道。允许农民建立能够体现组织的群众性、管理的民主性、经营的灵活性且以服务为宗旨的真正的合作金融组织，给农民以国民待遇，解决农民贷款难和金融机构在农村"取大于予"问题，使农村占用信贷资源的比重由目前的6%左右上升到10%以上。

2）加快改革现有征地制度，让农民分享到级差地租

在区域土地开发中，征地现象不可避免，而当前农村最尖锐的矛盾主要与土地问题有关。现有征地制度的核心是地方政府低价从农民手中获取土地，转手高价出让获取巨额资金，获取巨大的级差地租，再投入到城市和工业建设中。调查表明，经济发达地区如浙江省农地转用增值的土地收益分配中，政府约得60%~70%，农村集体经济组织得25%~30%，而农民只得5%~10%。政府征地卖地的差价收益本应大部分应用于农村建设和农民增收，但实际上却多被用于城市建设，农民非但没有成为城市化过程中的受益者，其利益反而受到侵害。据国土资源部资料，1996年以来浙江省非农占用耕地数量合计近17万公顷，在全国居第三位。其他几个经济增长较快的省份如江苏、山东、河南、河北也是占用耕地的大户。这种"土地财政"已成为当前"以农养工，以乡养城"的一种新形式，后果除了产生相当部分补偿相对不足、就业困难、生活水平难以持续维持的失地农民，还使得城乡差距进一步拉大。

建议在各地区的土地开发中，要加快改革现有征地制度。仅仅提高对

失地农民的补偿标准是治标不治本，关键是将更多的非农建设用地直接留给农村社区集体组织开发，增加农民财产投资性收入比重，使农民直接分享到土地的级差地租，促进农民增收。

国内发达地区凡是集体直接开发土地的村庄，农民收入都很高。农民既有工资性收入，也有经营物业的收入，以及土地入股得到的股份分红。如浙江龙岗镇、滕头村，苏南华西村等等都是让农民以土地作为资本直接参与工业化和城镇化，分享土地增值受益获得成功的典型。

农地转化中还级差地租于农民，是为农业和农村发展建设直接提供巨额、持续资金的一种手段，更是农民增收，缩小城乡差距，实现城乡统筹的重要途径。

3）扩大县、镇级政府经济、行政管理权限，搭建农村发展新平台

县、镇级政府在推进"以工补农、以城带乡"以及新农村建设中负有最直接的责任。相对于当前国家百强县、千强镇以及经济发达地区县、镇的经济发展实力，现有的经济、行政权限已经不能满足其社会经济发展需求，甚至于在某些方面制约了其社会经济发展进程。因此，需要进一步扩大县级政府的管理权限，增强县级政府的公共服务和社会管理能力。规范完善省直管县的财政体制，激发县域活力，增强县域实力。

建议经济发达地区加快扩大经济强县财政、经济管理和社会事务管理的改革步伐，因地制宜，在有条件地区实施新一轮的强权扩县政策，赋予经济实力强大的区、县更多的行政经济管理权限，促进县域经济发展，以其为经济中心，带动和辐射农村，加速城乡融合。

与此同时，进一步扩大中心镇的管理权限，探索建立中心镇行政执法管理体制，把县城和中心镇真正建设成为人口、产业、要素的集聚区、统筹城乡发展的重要平台和连接城乡的战略节点。

4）进一步提高农村城镇化水平，提升小城镇功能

小城镇是连接城乡的枢纽，是农村工业化、城镇化即经济集聚和人口集聚的最好载体。因此，不同区域应根据自身的社会经济特征，着力打造一批有各自产业支撑的工业重镇、商贸集镇、港口城镇、旅游古镇和卫星镇，进一步加快农村城镇化和农村工业化进程，实现城乡居民共同富裕。

各区域应重点编制好衔接村、镇的规划，发挥好小城镇的人口集聚作用，把有意迁移的农户及时向小城镇转移。同时将生态脆弱区或山区实施的生态移民工程中的移民尽可能向小城镇及其周围转移。应加强小城镇的基础设施配套建设，以较完善的水、电、路和文化、教育、卫生等公共设施提升小城镇的形象和层次，推动有条件的小城镇向小城市发展。

另外，在推进小城镇建设过程中，要加快各地区中心大城市的建设，鼓励一批区域中心城市提升发展水平。以这些大中城市强大的经济辐射力，反过来促进农村小城镇的进一步发展。

5）改革户籍管理制度，实现城乡人口自由迁移

要缩小城乡差距，必须加大户籍改革力度，逐步剥离依附在户籍制度上不合理的制度规定，给进城就业农民以真正的市民待遇。

经济发达地区应尽快取消农业户口、非农业户口、自理口粮户口等户口类型的划分，统称居民户口，逐步建立起以实际居住地登记户籍的一体化户口管理制度。同时，应放宽中小城市与城镇的落户条件，使在城镇稳定就业和居住的农民有序转变为城镇居民。

取消依附于户籍制度上的各种违反宪法赋予公民权利的歧视性政策和人为规定，是农村居民与城市居民享有一样的地位和权力。另外，加大增加农民工福利和权利方面的推进力度，逐步实现农民工在城市公共服务、住房保障覆盖、养老保险转移、劳动报酬、子女就学、社区服务、政治权利、公共卫生、住房租购等方面与城镇居民享有同等待遇。

6）以缩小城乡基本公共服务差距为切入点，大力发展农村社会事业

深化城乡公平教育和医疗卫生体制改革，是我国缩小城乡基本公共服务的重要切入点。

推进城乡义务教育均衡发展主要应调整优化教育网点布局，建立优质教育资源向农村和欠发达地区流动的体制机制，继续改善欠发达地区农村办学条件，确保家庭经济困难学生公平接受教育的机会和权利。政府应增加投入，鼓励城市的教师以及大中专院校毕业生到农村从事教育工作，使他们的工资与福利待遇高于城市。推广九年义务教育加两年职业教育制度，提高农民的就业技能。

看病难、医疗费用高、医疗保障程度低是当前农村迫切需要解决的问题。我国很多区域虽然已经实行了新型农村合作医疗，在一定程度上能够缓解大病户的医疗负担，但是，大多数大病医疗费的补偿比例仅占到总费用的20%～60%，病人自付费用比例依然较高，不能从根本上解决农村居民因病致贫、因病返贫的问题。因此，政府应进一步完善新型农村合作医疗的相关政策，例如，注重大病医疗保障的同时，应该考虑满足大多数农民的基本医疗卫生需求。要扩大合作医疗规模，重点装备县医院和乡镇卫生院，并考虑对村级诊所和乡村医生给予补助于支持。

大力推进社会保障制度的改革，发展农村社会保障事业，当前应着重解决好现有"三无"农民的社会保障问题。完善农村"五保户"和重病重残人群的供养、救助制度，并提高供养、救助标准。在有条件地区，要建立农村最低生活保障制度，并不断探索和完善农村社会养老保险制度。强化农村社区就业、救助、文化、治安、保洁、信息等服务，进一步提高农村社区的公共服务水平。

7）统筹城乡环保，加强农村环境治理

针对当前我国很多地区农村存在的环境问题，各级政府应将统筹城乡环保作为城乡一体化工作的核心内容，进一步加大农村环境的保护与治理力度，促进城乡协调发展。需要重点保护和治理六个方面。主要包括：

①加强农村饮用水源生态保护；

②严格控制农村工业达标排放，治理企业污染；

③重视综合协调、全面治理农村生活污染；

④有效控制畜禽养殖和水产养殖污染；

⑤加强化肥农药污染的防治；

⑥重视土壤污染的综合防治和改良。

建议把农村环保指标纳入到各级政府政绩考核体系中，加强农村环境监管和执法力度；加大农村环境基础设施建设，尤其是要在农村大量兴建固废与污水无害处理设施；创建乡镇企业清洁生产激励机制；政府应对在农业生产经营中保护农业生产环境的农户给予奖励，同时增加农村群众在环境管理中的主动参与权、民主决策权。

四　村镇建设与农村发展改革创新对策

改革开放以来，我国经济总量在获得快速增长的同时，由于受城乡二元结构体制、资源环境约束和非农产业发展滞后等因素的综合影响，农村自我发展能力持续下降，农业可持续发展面临严峻挑战，城乡差距进一步扩大。然而，从城乡地域系统出发，乡村发展对于城市与区域经济的成长起着至关重要的作用。城乡关系是最基本的区域关系、经济关系和社会关系，正确处理城乡关系、缩小城乡差距是国家长远发展所面临的战略问题。为此，自2004年以来，中央政府先后明确提出推进城乡统筹发展、建设社会主义新农村、全面建设小康社会、推行新型城镇化等一系列旨在促进农村发展和城乡统筹的战略性引导政策。

村镇是城乡地域系统的重要组成部分，由县城、中心镇、重点镇以及中心村（社区）等不同空间体系构成。其中，中心镇、重点镇作为城乡系统之间物质流、能量流和信息流的节点，是联系城乡地域的重要纽带，并通过扩散效应，带动周边乡村地区经济社会发展。因此，加快推进村镇建设，重点发挥中心镇、重点镇在城乡地域系统能量传输链条上的节点作用，对于实现城乡统筹、促进城乡要素有序流动和乡村转型发展具有重要意义。

本课题基于前三个研究课题的理论解析与实证分析，系统梳理不同类型村镇建设和农村发展过程中存在的问题，总结提炼不同类型村镇建设的模式。在此基础上，从村镇建设角度提出农村发展的制度创新设计与政策建议，为推进我国村镇建设的实践及相关战略决策提供参考。

（一）不同类型村镇建设与农村发展过程中存在的主要问题

区域农村发展系统是由自然禀赋、区位条件、经济基础、人力资源、文化习俗等各要素构成的复杂系统。其中，人口-土地-产业相辅相成又相互制约，构成影响村镇建设和农村发展的三大核心要素。"人"是村镇发展中最具能动性的因素，一定数量和质量的人口不仅为产业发展提供智力支持，地方行为主体还通过组织、协调和示范作用，干预土地利用行为，助推乡村生活、生产、生态和文化空间重构；土地是产业发展的空间载体，通过整治低效利用土地、推进土地流转和适度规模经营，为现代农业的发展和非农产业的培育提供空间场所；产业培育在村镇建设中处于突出重要的地位，其对人口的非农化、土地利用方式的转变以及村镇自我发展能力的提升等均施加重要影响。产业发展的直接影响是拓宽了农民的就业渠道，提升了村镇的经济实力，增强了土地利用的强度，通过劳动力的非农转移进一步释放土地潜力，并随着用地需求的增加、人口的非农化以及村镇经济实力的增强，为土地整治和乡村空间重构提供操作上的可行性（图3-4-1）。人口-土地-产业三大核心要素的相互耦合、协调作用，对村镇生产空间、生活空间、生态空间和文化空间的重构将施加重要影响。

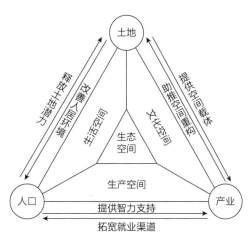

图3-4-1 人口-土地-产业系统与村镇建设的关系

20世纪90年代以来，随着工业化、城镇化的推进，区域发展要素重组与产业重构，深刻地改变着我国广大农村地区，乡村人口出现非农化转移与兼业化态势，乡村土地出现非农化与非粮化态势，乡村产业出现非农化与多样化态势。在乡村地区，以人口、土地、产业为核心，生产、生活行为中的物质和非物质元素之间发生各式各样的交互作用，农村产业结构、就业结构、消费结构、土地利用结构、社会组织结构等均相应发生转变。在乡村要素自变动和外部调控的共同作用下，部分农村地区出现青壮年劳动力流失、村庄空废、公共设施配置短缺、生态环境恶化、血亲关系淡化以及文化记忆符号消失等问题。

由于我国地域广阔，乡村资源环境、经济发展水平、发展主导功能等差异显著，不同类型的村镇在建设和发展过程中表现的问题又各有差异。本研究分别选取东部沿海工业主导型、平原农区传统农业主导型和西部山地丘陵区生态服务型三大典型类型，从影响村镇建设的人口、土地、产业等核心要素，提炼剖析经济社会转型背景下不同类型村镇建设和农村发展中存在的问题。

1 东部沿海地区工业主导型村镇

东部沿海地区是我国改革开放的前沿阵地，在区域农村发展的长期实践历程中，涌现出诸如温州模式、苏南模式等典型的以工业为主导的多种农村发展形态。工业化、城镇化的快速推进使农村社会经济获得高速发展，促使农村产业结构、就业结构与农业生产方式等发生巨大变化。与此同时，农村发展面临资源环境约束、农业生产功能衰退和工业转型升级的压力。

（1）人地关系紧张，农业和农村发展面临资源环境的约束

近年来东部地区经济总量的快速积累以资源的大量消耗为代价，区域资源供给的稀缺性与社会需求的增长性之间呈现失衡状态，突出表现为土地资源、水资源等均出现不同程度的紧张。与资源紧张相对的是，该区域还面临着严重的生态环境问题，由于历史时期乡镇企业布局无序，污染物排放控制不力，河流、湖泊污染严重，如太湖流域富营养化、黄浦江水质恶化等。人地关系紧张成为制约东部地区农业和农村可持续发展的宏观背景。

（2）耕地流失、农业滑坡问题突出，农业生产功能逐渐衰退

随着工业化和城镇化的推进，农用地比较效益下降，东部地区大量耕地被非农建设占用，粮食播种面积与产量均不断下降。以浙江省为例，与1990年相比，2014年浙江省农作物播种面积、粮食播种面积、粮食产量分别减少48.1%、61.2%、52.2%。伴随耕地资源的流失和农业滑坡，传统农业在区域发展中的地位逐渐弱化，长江三角洲、珠江三角洲等地区已由昔日水土丰腴的商品粮基地演变为现今的城市化地区。

（3）乡村工业面临产业结构优化升级的现实问题

东部沿海地区传统乡镇企业以服装加工、玩具制造、电子元器件组装等劳动密集型和资源密集型产业为主，其以廉价劳动力的大量使用和资源

的高消耗为突出特征。然而随着中国人口结构的改变和刘易斯拐点的到来，我国经济发展已走过劳动力无限供给阶段，劳动力成本上升，劳动密集型产业的利润空间将进一步被压缩。事实上，近年来部分地区出现的"用工荒"现象即是劳动力市场变化的征兆。在资源环境约束和劳动力市场变化的背景下，如何通过产业结构优化升级实现持续快速发展，是东部沿海工业主导型村镇不得不面对的现实问题。

2 平原地区农业主导型村镇

平原农区肩负着国家粮食安全和耕地保护的重任，是现代农业和粮食生产的重点区、战略区。快速工业化、城镇化进程驱动平原农区人地关系发生巨大变化。平原农区农村发展面临种粮比较效益低下、农村发展主体弱化、村庄土地利用粗放等难题。

（1）产业以传统大宗农作物种植为主，种粮比较效益低下，村集体经济薄弱，非农产业不发达

服从和服务于保障国家粮食安全的功能定位，平原农区以小麦、玉米等大宗粮食生产为主导功能。受农资价格、土地租金、人工成本等生产要素上涨影响（尤其是人工成本出现快速上涨趋势），粮食种植日益显现"高成本"特征，粮食生产价格与国际价格相比缺乏竞争优势。粮食种植成本上涨不断挤压种粮收益，使得粮食生产历年面临增产不增收的困境，"辛苦种地一年不如外出打工一月"。而种粮比较效益低下，土地租金过高挤压种地收益，造成农民租种土地积极性不高，限制了土地流转和规模经营。在中部农区，粮食生产贡献与农村发展水平存在"倒挂"现象，以农业为主导的村镇经济社会发展普遍落后。调研典型村庄山东省禹城市伦镇牌子村、杨桥社区等均以小麦、玉米种植为主，小麦亩产约1100斤/年，玉米约1200斤/年，人均农业纯收入约4000元/年；村集体经济薄弱，就业渠道狭窄，除大量青壮年劳动力外出打工外，部分农民被雏鹰集团或土地流转散户雇佣从事季节性农作物种植，难以消化吸收土地流转后的剩余劳动力，进一步限制了土地流转和规模经营，影响现代农业发展。

种粮高成本的背后是劳动生产率低下以及小规模的土地经营状况。20

世纪80年代家庭联产承包责任制极大地调动了农民生产的积极性，促进了粮食增产增收。但作为家庭联产承包责任制的另一个结果，则造成了农业土地经营零散、细碎、小规模化。这种土地经营状况不利于机械化耕作，更妨碍了专业化经营，影响劳动生产率的进一步提高。从政策层面来看，尽管多年来国家对粮食种植补贴不断加大，但仍未能解决农民种粮效益低的问题。破解这一问题的关键在于打破传统的小农经济生产方式，加快农村土地制度改革，积极走农业专业化、产业化道路，推广机械化生产和规模化经营，以节约劳动成本和其他生产要素的投入，从而降低生产成本，提高生产效率。

（2）农村人口流失严重，农民兼业化现象普遍，农村发展主体弱化

种粮比较效益低下、当地非农产业不发达，促使平原农区大量青壮年劳动力向经济发达地区或周边城市转移。由于城乡二元体制的存在，外出农民工在子女教育、就业、社保等方面的待遇与城市居民存在较大差异，在缺乏稳定的定居预期情况下，外出务工农民不敢转让承包地的经营权，继续从事农业兼业化生产或由留守老人和妇女从事农业生产，由此造成农村发展主体弱化。农业兼业化以及由此引起的农村发展主体弱化，造成农业生产资料和人力投入不足、农业生产趋于粗放、农业科技推广困难等问题，进一步影响农业生产效率的提高和现代农业的发展。

（3）村庄土地利用粗放，宅基地闲置、废弃问题突出，土地规模流转不畅，农业经营规模受到制约

现有户籍、公共服务、社会保障等方面的城乡二元体制，造成外出务工农民不愿放弃已经闲置的宅基地。因此，在农村户籍人口和乡村常住人口"双减少"的过程中，农村居民点用地并未适时随之退出以供优化配置。与之相反，在村庄规划管理长期缺失、严格土地管理缺位的情况下，收入条件改善的外出务工人员在家乡建设新房，进一步占用农村土地，农村人均居民点用地呈持续扩张态势，宅基地闲置、废弃问题突出。对山东省禹城市伦镇调研显示，牌子村"一户多宅"占总户数的20%，废弃宅基地占宅基地宗数的30%，闲置宅基地占10%（图3-4-2）；杨桥自然村有宅基地247宗，"一户多宅"占总户数的70%，废弃宅基地占宅基地宗数的25%，

图3-4-2　山东省禹城市伦镇牌子村

闲置宅基地占20%。其他如打谷场、村边林地、取土坑塘等附属用地利用粗放、利用率极低。

　　农村居民点效率低下、土地利用粗放是城乡转型发展进程中乡村地域系统演化的一种不良现象，成为协调农村人地关系的难点和重点。因平原农区种地比较效益低下、非农产业不发达，外出务工人员数量较大，该类型村镇土地"空心化"问题表现尤为突出。与土地"空心化"相伴的是农业劳动力主体弱化、村庄生态环境破败、教育医疗等公共设施配备不足等问题。而受现存制度和体制的制约，农村劳动力转移不彻底、耕地流转不畅，导致农业经营规模受到制约，进而影响农业机械化的发展和劳动生产率的提高。人口"空心化"、土地"空心化"、产业"空心化"等要素相互交织，共同构成平原农区村镇建设的主要障碍性因素。

3　西部山地丘陵区生态服务型村镇

　　西部地区是我国大江大河的源头，森林、草原、湿地、湖泊等主要生态载体大多集中在西部，全国水土流失和草原退化的主体也在西部，该区域生态地位非常重要，村镇建设应着重突出其生态保育功能。尽管西部大开发政策的实施一定程度上改善了该类村镇的基础设施状况，提升了农村的居住条件和人居环境。新时期，人口-资源-环境约束、农村基础设施落后、内外动力牵引不足等依然是制约西部山地丘陵区生态服务型村镇可持续发展的障碍因素。

（1）区域生态环境本底脆弱，村镇发展人口-资源-环境矛盾突出

从宏观地理背景看，西部丘陵山区大部分处于干旱——崎岖——低温高寒——水土流失严重的生态脆弱地带，水、热、土资源时空组合不协调。西北地区的水资源匮乏、土地沙漠化，西南地区的土地贫瘠和严重的石漠化，都成为影响区域农业与农村发展的障碍性因素；虽然西部地区优势能矿资源开发利用的区域发展效应明显，但由于受本底生态环境脆弱制约，资源大开发对区域生态建设与环境保护带来巨大冲击，经济发展与生态建设矛盾突出。如广西[①]石漠化地区正面临生态退化与贫困化的双重压力。石漠化涉及广西79个县（市），目前广西的28个国定贫困县中90%属于石漠化地区，贫困人口中约80%分布在石漠化地区。石漠化地区坡陡谷深，石多土少，地表水源涵养能力弱，旱涝灾害频繁，大部分地区只能在石缝中种玉米等旱地作物，广种薄收，只能维持基本的口粮需求，农民经济收入低下。伴随人口的持续增长，粮食需求量增长，耕地面积持续扩张，坡地开垦屡禁不止，广西石漠化地区形成人口增加—毁林开荒—石漠化的恶性循环（图3-4-3）。

图3-4-3　广西田东县作登乡陇接村居住用房

（2）农村基础设施落后，村镇发展的介质不完善

农村基础设施是为发展农村生产和保证农民生活而提供的公共服务设施的总称，主要包括农村生活基础设施、农业生产性基础设施、生态环境

---

① 20世纪80年代，东、中、西三大经济地带划分时将广西划为东部地区，2000年我国实施的西部大开发战略又将广西划分到西部地区。本部分综合考虑村镇建设的宏观地理背景、经济发展水平以及国家近年来的发展战略，将广西视为西部地区。

建设、农村社会发展基础设施四个大类，是支撑农村经济和社会发展的重要物质基础，也是衡量农村发展水平的重要方面。2012年，西部地区公路、铁路网密度仅相当于东部地区的21.5%和22.3%，一些边远地区交通通而不畅问题突出。从农村农田水利基本建设情况看，2013年贵州、云南、甘肃、重庆等西部省份有效灌溉面积占耕地的比率分别为20.7%、27.3%、27.6%和30.2%，远低于全国52.1%的平均水平①。对西部丘陵山区多个典型村镇调研显示，村镇基本无污水垃圾处理设施、无消防基础设施，近年来随着人口外流，村庄文化教育设施关停现象普遍。

受自然环境和农田水利等基础设施配置制约，丘陵山区粮食以及经济作物产出率不高，农业生产能力低下；另一方面，由于交通运输条件差，缺少等级公路和运输工具，使得山区特色经济作物和优势产品不能及时进入市场。同时，外部物质、资金、技术、信息和人才等经济要素也很难通过市场渠道引入山区，致使农村社会经济发展缓慢，人们只能以传统的生产方式和简单再生产来经营有限的土地及维持不断增长的人口所需。

（3）农村发展内外动力牵引不足，农村发展陷入非良性循环的"陷阱"

受地理环境、经济区位、历史基础等影响，西部丘陵地区工业经济不发达，城市化水平不高，城市与广大农村腹地联系不够紧密。工业对农村工业化与城镇化的带动效应甚微，城市对农村发展的辐射能力、反哺能力有限，村镇建设和农村发展的外部驱动力不足。另外，西部丘陵山区以种植业为主的农业产业结构尚未得到有效改观，加之受地形条件影响，无法开展机械化耕作，农民增收与创收难度大，大量农村剩余劳动力主要靠外出打工实现间隙性的非农化转移，村镇建设中普遍存在依靠外出打工来反哺农村的发展模式，农村发展的内源性动力牵引不足。在一些地方形成了农村经济增长缓慢——农村劳动力外迁——农村发展主体弱化——农村经济增长缓慢的非良性循环的"陷阱"，进而导致农村"三留"（留守老人、留守妇女、留守儿童）等深层次的矛盾与问题。

生态环境脆弱，自然灾害频繁、基础设施落后、内外发展动力不足等

---

① 有效灌溉面积来源于2014年《中国统计年鉴》，耕地面积来源于2009年《中国统计年鉴》。

一系列问题是制约生态服务型村镇发展的关键因子。生态服务型村镇的建设一方面必须立足于发挥各地区比较优势、协调生态环境建设与各利益主体关系，实施生态补偿；另一方面从优化农业生产结构，培植特色替代产业及产业化经营上寻求突破。因地制宜地发展林果牧业和绿色环保产品的产业化生产，推动以粮食为主的传统型经济的转换和发展，以促进资源优化配置与可持续利用，实现生态优化与经济发展的"双赢"目标。

以上从影响农村发展的关键要素的视角简要梳理了我国不同区域、不同功能类型的村镇在建设和发展过程中存在的问题。其问题的实质是经济社会转型背景下人口、资源、产业等乡村发展要素结构性失调和资源配置错位的外在表现。我国乡村地域在长期的发展中，形成了各式各样的具有区域鲜明特征的产业结构和经济社会运行方式，由此可被概括为不同的村镇建设和农村发展模式，这些发展模式为其他相似的乡村地域发展提供借鉴和参照。

（二）村镇建设和农村发展的模式

1 基于"要素-结构-功能"的村镇建设和农村发展模式的形成机理分析

（1）村镇建设和农村发展的要素

村镇建设和区域农村发展的过程是影响其发展的各要素相互耦合、协调作用的过程。其中，地形地貌、自然资源、区位条件等自然和环境要素构成区域农村发展的自然本底和空间载体，是农村地域发展的基本支撑条件；由产业结构、发展基础等构成的经济要素通过路径依赖在一定程度上决定着农村地域当前经济发展水平的高低和未来经济增长的潜力；历史上长期积淀形成的开放意识、创新意识、竞争意识、进取精神等社会文化特质作为隐形因素在农村发展中越来越发挥着不容忽视的作用；当地政府、企业、能人、普通农户是农村发展的行为主体，行为主体通过发挥主体能动性可以突破发展"瓶颈"，使乡村形成波浪式上升的持续发展过程。其中政府作为管理主体，在统筹规划、路径选择、资源调配以及沟通协调等方面发挥的基础性作用。

（2）区域农村发展系统的结构和动力机制

区域农村发展系统是一个由各要素交互作用构成的开放系统，不断与其他乡村地域系统以及外部城市系统发生物质和能量的交换（图3-4-4）。从结构上来讲，区域农村发展系统包括内核系统和外缘系统、主体系统和客体系统。其中内核系统由地域自然资源、生态环境、经济发展和社会发展等子系统组成；外缘系统主要包括区域发展政策、工业化和城镇化发展阶段等方面。客体系统由自然禀赋、区位条件、经济基础等影响农村发展的客观因素构成；主体系统由当地政府、企业、能人、普通农户等地方行为主体组成。地方行为主体通过整合客体系统内部各要素，促使农村发展内核系统内部各相关子系统之间的协调发展，及其与农村发展外缘系统之间不断进行物质流、能量流和信息流的交换，系统结构不断完善，形成了区域农村发展的驱动力。农村发展内核系统是否具有活力，最直接的表现是区域农村自我发展能力的强弱。村镇发展外缘系统的影响主要通过区域工业化和城市化的方向、进程来体现。因此，村镇发展系统演进的状态，主要取决于区域农村自我发展能力的强弱，以及区域工业化和城市化外缘驱动力的大小。

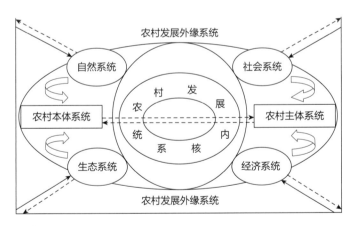

图3-4-4　区域农村发展系统的结构

（3）农村地域系统的功能

农村地域具有生活功能、生产功能、生态功能和文化功能，农村地域系统的要素组合和结构状况，决定了农村地域的功能属性和功能强度，并制约着地域功能演化的方向与趋势。随着农村地域系统要素的整合、系统外部环境的变迁以及社会需求的驱动，农村地域功能不断发生着演化和变异。从传统意义上来讲，农村地域承载着一定数量的人口，并通过对种植、养殖产品的生产和初级农产品的加工，满足农村地域自身需求，并以其资源供应支撑城市的运转和发展，在与城市不断进行物质和能量交换中推动自身发展，居住功能和农业生产功能是乡村的初始职能。工业化、城镇化的快速推进，使得乡镇企业在区位优良、经济基础较好的区域自发产生；与此同时，随着城乡间空间相互作用频率增强、经济要素流动增强，为寻求低廉的土地价格、充裕的劳动力或接近原料产地，部分工业企业将厂址转移至某些农村地域，而人口和经济的集聚进一步带动商业、服务业等相关产业的发展，农村开始分担部分工业生产和服务产品提供的职能，乡村地域生产功能的内涵逐渐丰富。

与工业的发展、城镇化的推进相伴而生的是对水资源、土地资源等的大量消耗以及由此引发的环境污染问题，资源、环境问题的出现使人们重新审视原有的发展路径，并逐渐树立新的发展观和环境保护的理念。乡村地域因其较高的植被覆盖率和低密度的人口分布，对于能量的存储和转化、物质的合成和分解、有害物质的降解和净化、自然灾害的减缓和调控以及生物多样性的维护等均具有重要意义，乡村地域生态功能日益凸显。而随着全球化进程的推进，受西方文化的冲击和地域文化交流逐渐增多，文化间的同质性日益明显。在文化趋同的背景下，地方文化、特色文化的独特魅力渐趋彰显。在中国，由于城乡二元结构的长期存在，部分农村地区一直处于落后、封闭的状态，乡村文化受外来文化影响相对较小，使得一些农村地区成为传统文化、地域文化的主要积淀地和保留地，昭示着浓厚的民族性和地域性。保护乡村特色聚落风貌、淳朴民风习俗和独特文化特质，越来越受到人们的重视，乡村地域开始担负起文化传承的功能。近年来，我国广大农村地域兴起的乡村旅游便是依托原生态的乡村自然景观、多样的农耕文化以及传统节事习俗等发展起来的，是乡村功能演化过程中生态功能和文化功能凸显的体现。

（4）村镇建设和农村发展模式的形成机理

在社会转型期，乡村经济形态、空间格局和社会组织结构的变化，需要地方行为主体对这些作用与变化做出适时的适应与调整。村镇建设的实质是地方行为主体基于对本地资源禀赋、产业基础等发展条件的评判，以功能定位为导向，通过整合和配置乡村地区的土地资源、人力资源等物质和非物质要素，将产业培育和重塑、农民就业能力提升、乡土文化传承、农村生态价值保护、农村基础设施网络和社会公共服务网络体系的完善有机结合，重构村镇生产空间、生活空间、生态空间和文化空间的过程（图3-4-5）。

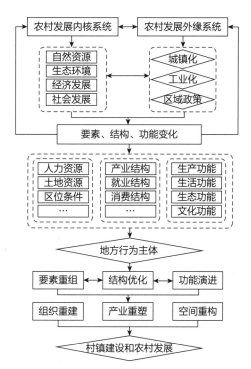

图3-4-5 村镇建设和农村发展模式的形成机理

村镇建设和农村发展模式指在特定的自然、经济和社会条件下，由于产业结构、技术构成、生产程度和要素组合的地域差异而在一定空间范围内形成的具有较大程度普适意义的农村发展的形式或道路。村镇建设模式的形成和演化受自然资源、经济发展、生产力水平、历史传统和政府行为等诸多因素的影响和制约，是多种因素综合作用的结果。我国区域差异显著，形成了各式各样的具有区域典型特色的村镇建设和农村发展模式，如"苏南模式"、"温州模式"、"阜阳模式"、"大邱庄模式"、"窦店模式"等。这些发展模式为其他相似的乡村地域空间提供了发展样本和参照物，并在不断优化调整中完善自我发展模式。

2　村镇建设和农村发展的模式

目前学者们采用不同的分类标准和判断依据对村镇建设和农村发展模式进行分类。其主要思路有以下几种：一是基于农村发展动力源的差异，将村镇发展模式分为外缘驱动型和内生发展型；二是基于建设行为主体，将其分为政府推动型和民间推动型；三是基于产业发展方向，将其分为农业主导型、工业带动型、商旅服务业主导型

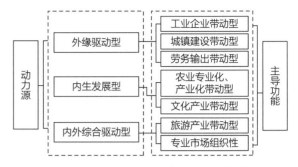

图3-4-6　村镇建设和农村发展的模式

等。本研究基于农村发展动力源的差异性，并综合村镇发展主导功能，提炼村镇建设和农村发展模式。其划分思路如下：首先，对村镇发展模式的划分从动力源的差异性切入，将其分为外缘驱动型、内生发展型和内外综合驱动型三个一级模式；其次，从区域整体系统来看，农村地域系统在与外部环境进行物质流、能量流和信息流的交换中发挥着生产、生态、文化等多种功能。因此，在一级模式基础上，从农村主导功能视角，对村镇建设模式进一步细分为工业企业带动型、城镇建设带动型、劳务输出带动型、农业专业化和产业化带动型、旅游产业带动型、乡村文化产业带动型以及专业市场组织型七个二级模式（图3-4-6、表3-4-1）。

村镇建设与农村发展模式及其特征描述　　　　　表3-4-1

一级模式	二级模式	基本特征	适宜条件	优化途径
外缘驱动型	工业企业带动型	通过发展乡村工业推进农村经济由农业主导型向工业主导型转变	优越的区位条件；富足的乡村经济；良好的人文创新精神和外部环境适应调节能力	生产工艺技术改造和产业结构升级；推进村镇空间优化、整合，提高土地经济效益；完善农村信贷、保险服务
	城镇建设带动型	城市边缘农村接受城区经济辐射或直接被纳入城镇建设扩展地区，推进农村人口的非农转移和村镇空间重构	所依托的中心城市辐射带动能力强；一定的资金支持；人口非农化水平较高	推进城乡等值化；加强职业培训，提高农民职业技能；创新融资机制
	劳务输出带动型	农村剩余劳动力以劳务输出的形式转移进城，外出务工劳动力将部分收益反哺家乡	人力资源丰富，（土地）资源匮乏、区位优势不明显的传统农区或丘陵山区	创新城乡土地统筹配置，解决农民非农就业与居住的空间匹配问题；培育农村产业，提升自我发展能力

一级模式	二级模式	基本特征	适宜条件	优化途径
内生发展型	农业专业化、产业化带动型	依托本地资源，开展专业化种植（养殖）；围绕自身特色种、养产品，开展加工和产业化经营	良好的资源条件；种植（养殖）某种特色产品的传统；龙头产业带动或能人示范	加快土地流转，推进现代农业生产基地化；延长产业链条，注重品牌建设；构建市场购销体系
	旅游产业带动型	以农业和农村旅游资源为载体发展乡村旅游产业，带动村庄（镇）经济的发展和村容村貌的改善	良好的生态环境；深厚的地域文化内涵；毗邻著名风景区或城市边缘区	加强生态环境和乡土文化保护；协调旅游产业各利益相关者关系；加大基础设施和旅游配套设施建设
内外综合驱动型	乡村文化产业带动型	以历史上形成的独特民俗文化为依托，通过该种文化产品的生产、销售，推动农村经济发展和村镇建设	深厚的历史文化积淀；能人带动；强有力的政府引导与监管	政府及时跟进，加强市场监管；注重品牌建设，打造文化名片；延伸产业链条；构建网络销售渠道
	专业市场组织型	依托区位优势和相关产业的支撑，发展商贸流通服务业和市场网络，以市场促产业、以产业带发展	区位条件优良、交通便利；"能人"的魄力和审时度势；相关支撑产业	加强市场流通设施建设；构建商贸流通的网络体系；加强市场监管

（1）外缘驱动型模式

村镇发展系统演进的状态，主要取决于区域农村自我发展能力的强弱，以及区域工业化和城镇化外缘驱动力的大小。外缘驱动型是以城乡之间的要素流动为纽带、产业互动为链条，通过工业反哺农业、城市带动乡村，推动农村土地流转和村镇空间重构，实现农村社会经济的发展。

1）工业企业带动型

模式内涵：依托一定的地缘条件、资源条件、经济基础和政策优势，适应市场需要，通过整合农村土地、劳动力等资源，发展乡村工业，推进农村经济由农业主导型向工业主导型转变，进一步推动农村土地整治和村镇空间重构以及农村经济、设施、教育、文化、卫生等事业的综合发展。

建设途径：该模式以早期的"苏南"、"温州"、"珠江"模式为代表，在东部沿海发达地区或临近大中城市的近郊村镇或矿产资源丰富的农村地区，基于勤劳进取的人文传统和敢于冒险、追求变革的地方精神，利用集体（个人）资金的积累或外来资金的注入，依靠中央政府给予的先行一步的开放政策或地方政府的强有力介入，发展机械、纺织、造纸、服装、建材、食品等劳动密集型产业和资源密集型产业，实现农村剩余劳动力就地、就近向二、三产业的转移。经济和人口的集聚促进农村土地整治和乡村空间重构，乡镇企业逐渐向工业园区集中、居民点向社区集中，基础设施和社会服务设施建设逐步完善，直接推动了村镇建设和农村城市化的进程。

障碍因素：乡镇企业生产规模小、布局分散，建设用地无序扩张和蔓延现象严重；乡镇企业大多从事资源密集型和劳动密集型产业的生产，资源消耗和环境污染严重，引起人口与土地、效率与环境、经济与社会等一系列矛盾。

2）城镇建设带动型

模式内涵：该模式主要是受城市扩张离散力的驱动和影响，城市边缘区农村居民点接受城区经济能量辐射或直接被纳入城镇建设扩展地区，进行统一规划、统筹配置，城市边缘区的农村地域逐渐转变为城市地域，形成新型的城乡产业结构和城镇体系。

建设途径：以市区和中心城镇发展引领为动力，将村庄整治与城镇体系规划有机结合起来，推进农村农业人口的非农转移和空间重构，以产业和居住用地集中、组织整合为导向，发挥当地资源优势，规划建设农副产品加工业园区，形成农产品产加销一条龙、贸工农一体化的产业链条。

障碍因素：城镇建设带动型模式的难点在于资金筹措和政策创新。宅基地拆迁补偿问题和村镇集体土地征用涉及问题敏感、复杂，农民舍弃宅基地和农村土地经营到城镇居住，如何保障其原有土地使用权的收益；农民素质参差不齐，就业渠道狭窄、就业能力有限，如何解决其身份转变后的生活保障和社会待遇，均亟须有关配套政策与措施跟进。同时，村庄整治、住房建设和土地整理都需要大量资金投入，能否创新融资机制和解决资金来源是推进村镇建设的关键。

3）劳务输出带动型

模式内涵：对于人力资源丰富但（土地）资源匮乏，且不具备明显区位优势的传统农区或丘陵山区，通过劳务输出转移部分农村剩余劳动力，优化劳动力资源空间配置。外出务工人员将获得的一部分收益反哺家乡，带动农村发展和村镇建设。

建设途径：外出务工人员将部分收益反哺家乡用于改善居住条件，或掌握一技之长后返乡从事农业专业化经营和非农产业，直接带动村镇经济发展和环境改善；另外，政府主导下对劳动力流出规模较大的村镇实施迁村并点工程，实现对村镇空间的优化和重构。

障碍因素：青壮年劳动力流失，一方面造成农业主体弱化，农村自我发展能力下降，另一方面家乡留守子女的教育问题和老人的养老问题突出；城乡二元结构的体制性障碍，使农村务工人员进城后面对户口问题、农民工子女上学难等一系列问题，从而使进城农民面临"进出两难"的境遇；因缺乏顶层设计和法律支撑，村庄整治只解决居住问题，而未解决"发展"问题。

（2）内生发展型模式

培育农村自我发展能力，是解决村镇建设和农村发展问题的根本举措。农村自我发展能力是农村发展的内源性动力，其水平高低主要取决于农村地区自身的资源禀赋、区位条件、农村经营体制和管理水平等。农村内生发展型模式依托农村特有的资源优势、区位条件及经济基础，通过发展特色高效农业和乡村文化产业，优化农村内部产业结构与空间布局，实现村镇建设和农村发展。

1）农业专业化、产业化带动型

模式内涵：依托本地资源优势，开展蔬菜、水果、花卉等规模化种植或奶牛、猪、渔业等专业化养殖；围绕自身特色种植（养殖）产品，开展农产品加工，走上农业产业化经营的道路。

建设途径：立足于区域农业资源基础，通过专业合作化组织带动或能人大户示范，建设农产品专业生产基地，形成"一村一品"、"一乡一品"的农村产品生产格局。通过龙头企业带动，完善农业生产组织体系，构建农业生产、加工、销售一体化的产业体系，延长产业链条，提高农业生产附加值。通过市场牵龙头、龙头带基地、基地连农户的形式，形成"公司+

农户"、"基地+农户"、"基地+合作组织+农户"等多元农业专业化、产业化模式，逐步实现贸工农一体化、产供销一条龙的生产经营体系。农业专业化、产业化发展进一步推动村庄土地流转，壮大村（镇）集体经济，实施对村内道路、河流、环境等基础设施的改造和建设，实现城乡经济联动，逐步缩小城乡差别。

障碍性因素：特色农产品的种植（养殖）要求具有得天独厚的气候、水土等自然资源条件，也需种植传统的沿革和经验积累，更需市场的比较优势和竞争实力，否则农产品结构雷同化将导致恶性竞争；受农民保守观念、从众心理和文化水平的限制，农业专业化、产业化生产的经营管理人才匮乏；另外，受自然风险、市场波动和农业政策等因素影响，单一农产品生产的多风险性可能抑制农民从事规模生产的选择，从而使农业生产陷入传统农业的循环。

2）乡村文化产业带动型

模式内涵：以历史上形成的独特民俗文化和民间艺术资源为依托，通过该种文化产品的生产、销售和产业集聚作用，带动农村经济发展和村镇建设。

建设途径：在市场引导下，挖掘本地特色文化，由村中能人示范带动，形成以特色文化为核心的民俗文化产业，并通过产品的前向和后向联系以及包装、物流等服务体系的搭建，拉长产业链条，形成辐射周边的乡村创意产业集群，带动村镇经济、文化、社会等各项事业的全面发展。

障碍因素：乡村商业监管机制缺失引起市场经营混乱；过度商业化引起文化产品的低层次模仿和传统特色文化的内核变异。

（3）内外综合驱动型模式

以上基于动力源差异将村镇建设和农村发展模式划分为外缘驱动型和内生发展型。事实上，区域农村发展是内部和外部多种力量综合作用的结果。只是不同村镇发展模式，内、外因素的贡献率存在大小差异。有些村镇的发展，既需要依托自身良好的资源优势，又无法脱离城市化、工业化的驱动，表现出明显的内外综合驱动的特征，可将该类村镇发展归为内外综合驱动型模式。

1）旅游产业带动型

模式内涵：利用毗邻著名风景区或城市边缘的区位优势，以优美的田园风光和丰富多样的乡村习俗、农事活动等为吸引物，开展集观光、娱乐、体验、知识教育于一体的乡村旅游，以此带动村镇经济的发展和村容村貌的改善。

建设途径：以乡村地区自然资源和人文资源为依托，开展田园观光、瓜果采摘、森林养生、花卉观赏、田园垂钓、农家餐饮品尝、农家劳作体验、农事节庆文化等旅游活动内容，吸引城市居民前来参观、旅游。乡村旅游的开展带动产业结构的调整和农民收入的提高，并以发展旅游产业为切入点，推进村庄道路、治污等基础设施的建设和人居环境的改善。

障碍因素：从业人员缺乏从事旅游行业的相关知识，无法准确把握客源市场需求和偏好；旅游活动项目缺乏深层次文化内涵挖掘，重复、低水平建设现象普遍；对开展乡村旅游认识不到位，部分乡村地区为发展旅游，大兴土木、建园造景，城市化、人工化、商业化痕迹明显，乡村纯朴生活风气丧失；土地政策层面上缺乏对旅游用地的支持，土地流转不畅导致难以开展规模化经营。

2）专业市场组织型

模式内涵：依托靠近城市、集镇的区位优势和完善的基础设施及配套条件，发展商贸流通服务业，以市场促产业、以产业带发展，最终形成商贸发达、乡村繁荣的村镇建设模式。

建设途径：在大中小城市的市郊结合部或交通枢纽地带，利用本地特色产品的生产优势，由能人带动发展商贸流通服务业和市场网络，培育以当地农产品交易为中心，由物流业、餐饮业、金融业、运输业等相关配套服务行业为支撑的专业商贸市场。

障碍因素：准确的市场功能定位是该种模式村镇建设的难点和关键；专业商贸市场的培育需要以完善的基础设施配套以及物流、金融等相关产业的有力支撑为基础。

3 村镇建设和农村发展模式的典型案例剖析

（1）工业企业带动型——山东桓台县马桥镇

1）基本情况

马桥镇位于淄博市桓台县西北部，桓台、高青、邹平三县交界处，镇域总面积44.96平方公里，原辖27个行政村。2010年，镇域总人口5.25万，其中非农业人口0.36万人，城市化率6.85%，是山东省首批中心镇、淄博市经济强镇。马桥镇是工业企业带动的典型，该镇依托产业支撑，积极推进合村并居、集中居住，通过土地流转和规模经营，进一步推动工业化和农村产业化发展，形成产业发展、土地综合整治、村镇空间重构互动的村镇建设模式。

2）发展历程

①20世纪90年代以前：传统农业主导阶段

20世纪80年代，马桥镇是单纯的农业镇，由于距县城偏远，经济落后，发展缓慢，物资匮乏，公共财政靠农业税收维持，被戏称作桓台的"西伯利亚"。

②20世纪90年代以后：工业带动、土地流转、农业产业化经营、新型社区建设互促发展阶段

a. 工业发展是马桥镇实现发展的主要推动力

20世纪90年代以来，马桥镇坚持调整农村产业结构，集中培育骨干龙头企业，大力实施"大项目、大产业、大企业"带动战略，加强优势产业、优势项目向园区集中，推进产业集约、集聚、集群发展。2012年，全镇实现工业总产值538亿元，完成工业生产性固定资产投资43亿元，农民人均纯收达到14600元。近年来马桥镇着力培育造纸、化工、电力三大支柱产业，形成以博汇纸业与金诚石化两大集团公司为主体，由近百家个体、私营企业为支撑的工业产业体系，打造在全国具有显著影响力的高档板纸速生原料林生产基地、全国重要的精细化工产业基地。其中，创建于1992年的山东金诚石化集团是淄博市第一家过百亿的民营企业，现有职工1800人，总资产38亿元，已发展成以石油炼制为主的现代化企业集团，2010年

实现销售收入220亿元，上缴利税12.8亿元，位居全国500强之列。博汇集团是全国四大造纸企业之一，由1991年成立的镇办企业马桥造纸厂发展而来，1998年改制为民营企业，2003年投资10多亿元新上了生产线，大幅提高了产能，2004年博汇纸业于上海证券交易所成功上市，2010年实现销售收入150亿元，上缴税金4.7亿元。在两大企业的带动下，近百家个体私营企业发展起来，初步形成以博汇与金诚石化两大集团公司为主体的马桥工业园区，带动全镇经济快速发展。

工业的发展为农村剩余劳动力的转移提供了有效途径，仅博汇、金城石化两家企业解决1.8万人就业，另外工业的集聚带动了第三产业的发展，从事物流运输、餐饮等服务业的个体工商业户3000多户，本镇80%以上的劳动力实现就近就地转移。2007年，马桥镇农民人均纯收入达到8200元，来自非农产业的收入占95%以上。

b. 土地流转与农业产业化

马桥镇积极探索建立土地流转机制，推进农业产业化的全面发展。该镇按照政府引导、群众自愿的原则，全镇流转土地4.8万亩，形成承包150亩以上种粮大户31个、家庭农场12个、专业合作社35家，建成规模食用菌基地建设，发展蔬菜大棚、芹菜、大蒜、山药等具有地方特色的精准农业。围绕造纸产业实施"林纸一体化"工程，全镇流转土地中的70%交由山东博汇集团有限公司统一经营，发展成为造纸原料基地，剩余30%的耕地交由农业合作公司规模经营，农民土地使用权收益亩增600元以上。土地流转规模经营与特色农业一方面改变了土地分散经营的状况，提高了农业的经营效率；另一方面将农民从土地上解放出来，进一步促进了农民的非农就业转移和二、三产业的发展。

c. 社区建设

工业的发展和农业专业化生产直接促进了农民收入的增加和就业结构的改变，并极大地提高了地方经济发展水平，为村镇建设提供了坚实的物质基础。马桥镇原有27个行政村，村庄规模小、布局分散，人均住宅用地偏高，分散的布局状况给公共设施配置带来困难。2007年，依托城乡用地增减挂钩项目，在政府主导下，通过统筹城乡布局，打破传统的村域分割界限，把全镇44.96平方公里全部纳入规划范围，统一规划为组团居住区、工业集中区、文化商贸区、生态保护区、农业生产区五大功能区，整域推进农村土地综合整治，实现产业向工业区集中、人口向城镇区集中、居住向社区集中。通过优化村镇体系布局，将原镇域27个村庄通过村庄整合为金城、北营、中心、泰和4个居住社区，推动居住社区化建设。马桥镇原27个村宅基地面积约1.4万亩，按规划四个社区仅占地4000余亩，村庄整合实施后，全镇可腾空复垦土地近万亩。通过村庄整合集中居住，推动以地兴城、以业兴城，促进人口向城镇集中，从而为工业化、城镇化发展提供了空间保障。

马桥镇实施组团建设的同时，加快基础设施配套建设，完善社区服务功能，改善农村人居环境质量，社区综合功能日益完善（图3-4-7）。在社区生活配套设施方面，镇财政每年投资1500万元以上，用于各社区路、水、电、气、暖统一配套，完善商业服务、医疗保健、休闲娱乐、宣传教育等服务设施，组建4支专门队伍，配备60多名专业人员，对社区环卫保洁、园林绿化、物业服务、治安保卫等实行统一管理。目前，各新型社区完全按照城市社区建设管理标准运行，农民人均住房面积达到55平方米，人均公园绿地面积达到5.8平方米。在公共服务上，政府重点抓好教育、卫生和社会保障事业发展，着力提升农村社区公共服务的质量和水平。先后投资110万元，改造乡镇卫生院和社区卫生室，解决群众看病远、看病难问题。投资1750元，实施教育资源整合，在集中居住区建立起从幼教到初中完备的义务教育体系。投资820万元，建设了一大批老年公寓、廉租住

图3-4-7　马桥镇新社区（左）、马桥实验学校（右）

房，对弱势群体优惠照顾。另外，注重活跃群众精神文化生活，社区组织成立8个"庄户剧团"、10支中老年舞蹈队，将镇内新气象编成喜闻乐见的节目广泛宣传，并在社区集中开展科学发展观宣传教育，大力倡导团结互助、反对迷信等社会新风气。

3）发展机理

工业化是马桥镇实现发展的主要推动力。该镇依托龙头企业培育由近百家个体、私营企业为支撑的产业体系，着力打造高档板纸速生原料林生产基地、全国重要的精细化工产业基地。通过推进工业化进程，实现镇域二、三产业相互促进、协调发展，为转移农民、富裕农民搭建了平台，直接促进了农民收入的增加和就业结构的改变，解决了农民在合村并居之后的就业出路问题，为农村社区化建设提供了坚实的物质基础。土地规模流转促进了农村产业格局的调整和农业规模化、机械化发展，提高了农村土地产出效益和农民经济收入，推动农业产业化的进一步发展，并使农民从原始耕种土地模式中解放出来，加速了集中居住的社区建设进程。新型农村社区建设改变了农村人居环境，通过土地综合整治、土地流转和规模经营，转变了耕地小规模、分散经营的生产方式，提高了土地利用效能，进一步促进了农业规模化、产业化经营。

马桥镇走出了一条以产业支撑为基础、以摆脱土地束缚为前提，通过政府主导实施镇村统筹、合村并居、土地流转，形成产业发展、土地综合整治、村镇空间重构互动的村镇建设模式，实现了工业化与城镇化的良性互动（图3-4-8）。

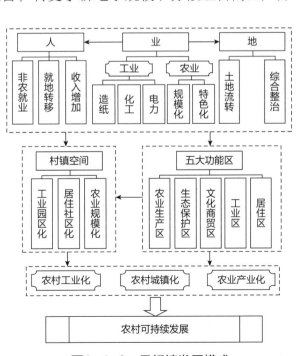

图3-4-8　马桥镇发展模式

（2）农业专业化、产业化带动型——山东禹城市房寺镇邢店村

1）基本情况

邢店村位于禹城市县城西北部，距离县城10公里，距离省道S316和S101均仅3公里。2009年全村278户，1068人，耕地面积1589亩，村庄居民点面积450亩。20世纪90年代中期以来，该村在村支书王富勇的带领下，走出了一条以规模化畜禽养殖和大棚蔬菜种植为特色的村域发展道路，社会经济发展水平明显提升，实现了村域转型发展。2009年全村存栏生猪1.5万头，奶牛存栏1000多头，蔬菜大棚140多个，户均养殖黄牛5头以上，已形成家家有项目、户户有活干、年年增收入的好局面，农民人均纯收入超过8500元。

2）发展历程

①1978年～1995年：传统农业带动村域缓慢发展

十一届三中全会以后，邢店村开始实行家庭联产承包责任制，新制度的施行很好地调动了村民的生产积极性。1982年，邢店村实现了户户通电，用电做动力的水浇地面积达60%；1983年全村粮食单产500公斤，籽棉单产250公斤；1995年粮食单产突破1000公斤大关，全村粮食总产量达到1500吨。然而，尽管农业生产不断发展，产量不断增加，但人口快速增长、产业结构单一、农产品价格低下、农民税费负担较重，收入增长总体较为缓慢，村域发展水平不高。

②能人引路，全村跟进，大力发展规模化畜禽养殖和蔬菜种植

1996年8月，经营面粉加工厂的村民王富勇筹集资金30万元，先后建起养猪场和冬暖式大棚，并利用坑塘进行网箱式黑鱼养殖（图3-4-9）。在养猪场建设方面，王富勇先后从北京、青岛等地及山东农科院等地购进4个优良猪种50余头，与当地母猪杂交进行自繁自育，实现成品猪瘦肉率达到60%以上，肉猪产品运销内蒙古、上海、北京、天津等地。

1997年，经"两推一选"，王富勇当选邢店村支部书记。王富勇认为，在禹城这样的传统农区单纯从事粮食生产难以致富，应大力进行产业结构调整，发展规模养殖和大棚蔬菜种植。他一方面广泛宣传、号召大家调整家庭生产结构，开展生猪养殖，另一方面不断扩大自己的养殖规模，力争

图3-4-9 邢店村生猪养殖（左）和高温大棚种植（右）

起到引领、示范作用。在王富勇的带领下，邢店村于1997年开始大规模养殖。2000年时，王富勇已经拥有两个共计存栏4000头的良种猪养殖场，年纯收入数十万元。为带动村民实现共同富裕，王富勇对缺乏启动资金的困难户主动采取帮、扶、带的办法。在其帮扶带动下，2000年全村共发展养猪小区6处，建猪舍1200间，年出栏生猪3万头，全村养猪纯收入200万元，农民人均纯收入4500元，人均年存款余额3000元。行情较好的2007年，全村264个农户中近200户养猪，当年出栏生猪4.5万头，村民人均收入超过8000元，其中40%以上来自养猪。2010年，全村养猪存栏量1万头，出栏2.5万头，瘦肉型良种猪养殖为该村的特色产业。2002年，王富勇经过深入的市场考察，依托德州光明乳业率先开始奶牛标准化饲养。奶牛养殖技术趋于成熟并获得初步效益后，在全村示范推广。2010年全村的奶牛养殖规模已达1500头，"订单鲜奶"直接供应给旺旺集团。近年来，村民不断拓展养殖业务，陆续开展了合同鸭、合同鸡的养殖。

　　虽然全村整体的养殖规模上去了，但农民一家一户散养的格局没变，饲料购买价格高、生猪销售价格低、防疫治病没保障的问题突出。为此，1998年，邢店村在王富勇的组织、带动、资助下，成立了"养猪协会"。实行统一供种、统一防疫、统一饲料配方、统一销售，分户养殖。养殖协会的成立解决了农户在养殖技术、销售渠道方面的问题，村民养猪积极性持续高涨。为进一步提高养殖协会的服务能力，2008年在王富勇的协调下重新改组为"富民养殖合作社"，社员出资总额达900万元，社员包括本村的绝大部分养殖户、经纪人、专业装猪队、饲料加工厂、畜牧兽医站。借助合作社，社员的饲料配方、幼仔购买、防病治病、饲草储备、活体销售、鲜奶储运等均得到了切实可靠的优惠和保障，使部分交易成本转化成现实收益，实现了社员利益的最大化。

对于发展能力相对较弱的农户，靠养殖致富的难度更大。由于大棚蔬菜种植的市场风险相对较低，王富勇在自家的大棚蔬菜种植取得明显的经济效益之后于1998年开始发动农户进行大棚蔬菜种植。在村支书种菜能人的示范、推动下，大棚蔬菜种植发展迅速。2000年全村已建成冬暖式蔬菜大棚240个，种植樱桃、西红柿、洋香瓜、迷你西瓜、以色列彩椒、鲁青茄子等高新优良瓜菜品种，每棚收入达1万多元。目前，全村有120余户从事冬暖式大棚蔬菜种植，有蔬菜大棚近140个，大棚蔬菜种植已经成为文化技能水平相对较低的中老年村民的主要收入来源。

③积极发展第三产业，拓宽农民就业和增收渠道

高效种养业的快速发展推动相关产业快速发展，目前，共建成个体门市部、批发部、饭店、农机修配、副食加工、建材场、木料、木器加工、屠宰场、油料加工等50多家，第三产业从业人员300余人，就业多样化对农民收入增长和村域发展起到了积极作用。

④强养殖技术学习，不断提升产业竞争力

在发展经济过程中，村支书王富勇深切感受到，要想让农村脱胎换骨，最重要的是更新观念、掌握技术。于是，他在村里叫响了"要致富、学技术"的口号，在具体行动上：一是建立了图书馆，订阅了十几种关于农业种养技术、农产品市场信息的报纸杂志；二是和山东农业大学、山东省农科院等单位建立了长期联系，聘请农牧专家定期到村里讲课；三是在村里办起了养猪交流会、蔬菜交流会，定期开展经验交流。此外，王富勇还经常组织村民赴外地参观和学习，坚持每2～3个月进行一次养殖技能培训。以上举措对于保持和提高养殖产业竞争力起到了积极作用。

⑤"合村并居"，优化人居环境

2012年规划建设邢店社区，由邢店、前禚、张宋、郑牛、魏庄、辛庄、虎头尚、霍庄、徐翟、楼子王10个村组成。社区规划人口规模5000

图3-4-10 邢店社区服务中心（左）、二层连排院落式住宅社区（右）

人，1500户。建筑模式是两层连排院落式住宅和3+1模式（图3-4-10），拆旧区面积3784亩，可复垦耕地3598亩，安置区用地2055亩，挂钩指标2899亩，规划安置用地755亩，同步建设了静远花卉蔬菜育苗基地和生态蔬菜种植基地，100亩的标准化奶牛场，100亩生态鱼塘等产业园区。由于社会经济发展水平相对较高，产业的带动性强，并且形成了上规模的定期集市，邢店村被选为中心社区。总投资2.5亿元，社区建成后可节约土地5100余亩。

⑥社区精神文明建设

在加强社区精神文明建设提高认同感、信任感方面，王富勇提出了"我爱邢店，尊老爱幼，做好人，办好事，清洁卫生，发家致富奔小康"的口号，并自费置办服装、道具，成立了一支150多人的业余文艺宣传队，自编自演，宣传村里的好人好事。此外，邢店村自1997年至今，每年组织村民开展评选好媳妇、好婆婆、十星级文明户活动。通过一系列的思想教育和评先树优活动，村民们的精神面貌发生了明显变化，形成了邻里和谐、互帮互助、尊老爱幼的农村新风气。

3）发展机理

在致富能人被选为村支书后，针对村域产业结构单一、发展水平低下的状况，动员、引导、带领、扶持村民进行家庭产业结构调整，大力发展畜禽规模养殖和大棚蔬菜种植，以合作社为平台实现小农户与大市场的对接，以社区为纽带开展定期学习解决生产实际问题，通过"合村并居"实现村庄人居环境的改善，进一步为生产发展拓宽了空间，实现了自然一生态结构、技术—经济结构和制度—社会结构的优化，进而推进村域持续快速发展。

（3）乡村文化产业带动型——河南省商丘市民权县北关镇王公庄村

1）基本情况

王公庄村隶属于河南省商丘市民权县北关镇，地处黄河故道，东距文哲大师庄子故居遗址15公里，距离民权县城28公里，距北关镇4公里，高速公路、211省道和县乡级公路构成便捷交通网络，交通便利。2013年，全村有350户，1366人，其中具有劳动能力者950人，占全村总人口的69.5%。全村高中及以上学历人口占4.4%，初中学历人口占64.4%，文盲及小学学历人口占31.2%。村域行政总面积134公顷，其中耕地面积仅93公顷。人均耕地面积较少，限制了传统农业在该区域的发展。本村粮食作物以小麦、玉米为主，种植面积约56公顷；经济作物以山药、白菜为主，种植面积约为37公顷。20世纪80年代以来，该村形成了以工笔虎绘制为主导，兼绘人物、花鸟、山水等的绘画产业体系，被誉为"中国画虎第一村"（图3-4-11）。

2）发展历程

王公庄村绘画业正式始于1986年，村民王培双通过一次偶然的机会参加了北京画家举办的中国工笔重彩画展览，引起了他对绘画的兴趣，之后通过临摹名作、自学和拜师学艺，开始了花鸟等画作的绘制和销售。另一位村民肖彦卿，自幼喜爱绘画且功底好，从事老虎画作，也逐步拥有了一

图3-4-11　王公庄村绘画一条街（左）、王公庄村村民作画（右）

定的消费市场。由于虎是中国文化传统的一个极其重要的组成部分，并被认为是世上所有兽类的统治者，故豫东地区有挂虎画驱邪的传统意识，虎画在当地深受欢迎，并很快占据了市场。进入90年代，靠卖画告别贫困的肖彦卿，创造了一连串令乡亲们吃惊和羡慕的"第一"：第一个买摩托车、照相机、彩电，安电话，装电脑……为了带动乡亲们共同致富，肖彦卿办起了"画虎班"，还编印了几千册《虎的画法》，免费送给学画的人。

由于绘画行业对生产成本投资较小，加之历史上当地民间艺人有绘制松鹤、鲤鱼、财神、灶神等民间年画的传统，在能人示范下，大量本村农户开始从事绘画行业。20世纪90年代，王公庄绘画产业初具规模，形成了以画虎为主的绘画主导产业，以及由"四大虎王"和"四小虎王"为骨干的绘画群体和专门的绘画经纪人群体。2005年，在国家文化产业政策的大背景下，有关政府部门适时介入、引导和强化，"虎"文化市场随政府宣传力度的加大逐渐扩展。为规范绘画市场管理，在政府介入下，2006年王公庄成立了民权王公庄虎文化传播有限公司和经纪人协会，引导和服务农民画家，以市场化运作的方式，形成"公司+基地+农户"的经营模式，并注册了"民权虎"、"王公庄画虎村"、"中原虎"、"王公庄"等商标以提高其知名度。为提升和完善绘画技术，确保画作质量，画室店主经常组织外出学习，观摩野生动物习性，学习工笔画技巧。

2008年，由王建峰、赵庆业历时一年完成的《百年奥运·虎跃中华》，绘制了2008只大小不同、形象各异的工笔老虎，打破了吉尼斯世界纪录，王公庄村"虎"文化市场开始向全国各地及国外拓展。2010年，受"虎"年文化的影响，市场对"虎"字画的需求量加大，王公庄村绘画产业的不断发展，其辐射范围也在逐渐扩大，带动周围如北关镇、任庄、四海营等多个村庄也从事绘画行业。

在市场引导下，王公庄由单一的工笔画向油画、烙画、麦草画、团扇等拓展，并开发了涉虎相关产品，衍生了如布老虎、虎头靴、虎头枕、画框、字画装裱等相关产业，与其相关的加工业、旅游业、餐饮业、物流业等行业也得到了一定的发展，形成"培训+创作+加工+销售"一体化的产业链条，并带动周边市县的数千名农民创作或销售画品，初步形成了以王公庄村为中心的绘画创意产业集群。2013年，全村有专业画院60多座，专业从事绘画配景4家（不含画院），字画装裱店2家，物流点2家，餐饮店2家，住宿宾馆1家，超市5家，绘画销售经纪人26人，全村从事绘画产业300余户，占全村总户数的85.72%，从事绘画产业700余人，占全村总人口的51.24%。其中，在"四小虎王"之一王建辉的学员中，聋哑及老弱病残的学员占据其学员总数的45%。

目前，王公庄绘画作品行销国内大中城市，形成了包括自销、店卖、经纪人销售、入村求购和网销在内的五位一体的销售体系，销售市场日趋稳定。2013年，该村85%以上的绘画作品以销定产，北京、上海、西安、郑州、汕头、大连等大中城市绘画市场，均有专门出售"民权虎"的摊位，其中30%的作品出口至日本、韩国、美国、孟加拉国等国家和港、澳、台地区，2013年绘画产业收入7000余万元。

虎文化产业给当地居民带来了经济收益，为推动村庄基础建设提供了物质基础。该村先后建成王公庄文化广场、农民绘画艺术中心、绘画一条街等，虎画作品挂满村头文化中心展室和农家的院墙、房舍，成为王公庄画虎产业的展示平台和交流窗口。该村先后被命名为"全国文化（美术）产业示范基地"、"全国生态文化村"、"全国十大书画村"、"中国十大魅力乡村"等多项称号。

3）发展机理

王公庄村地处黄河故道，历史上当地民间艺人有绘制松鹤、鲤鱼、财神、灶神等民间年画的传统，深厚的历史沉淀和人文影响奠定了王公庄村绘画产业的氛围基底。能人因素贯穿绘画产业形成、发展、成熟阶段的始终，绘画技术能人、营销能人和创业能人等各类能人在王公庄村绘画行业发展过程中发挥着重要作用。受市场需求驱动，王公庄绘画产业在能人示范带动下，由村子内部逐渐形成"自下而上"的绘画产业发展模式。随着产业发展，政府及时跟进，着力做好基础平台搭建、品牌培育、区域营销服务、质量升级，在产业销售渠道的拓展、品牌的打造和知名度的提升等方面发挥了重要作用。"民权虎"等品牌知名度和销售量的提升，拉长了"虎文化"产业的链条，带动了旅游、餐饮、物流等相关产业的发展，形成了以王公庄村为中心的绘画创意产业集群，直接促进了农民收入的增加和就业结构的改变，为村庄基础建设和人居环境的改善提供了重要物质基础。

（4）专业市场组织型——上海九星村

1）基本情况

九星村地处上海市西南郊结合部，辖属上海市闵行区七宝镇。全村1117户人家，3757名村民，外来流动人口20000多名，现有集体土地1307亩。20世纪90年代以来，九星村精心打造村级市场，以九星综合市场为主体，先后建立了九星物流、九星租赁、九星电子商务、九星小额贷款、九星融资担保、九星旅行社、九星广告、九星财务等12个子公司，组成了"1+12"的经济体结构。2011年九星村实现总收入8.539亿元，净利润2.48亿元，上缴税收2.61亿元，劳均收入达5.58万元，跻身于"中国十大名村"、"中国特色村"、"中国十佳小康村"以及"中国新农村建设十大品牌村"之列，为破除城乡二元结构、推进村级集体资产股份合作制改革树立了典型样板。目前九星综合市场已成为上海最大的综合性商品交易市场和华东地区最大的村办市场（图3-4-12）。

图3-4-12　上海市闵行区七宝镇九星村

2）发展历程

①传统农作物种植阶段

改革开放之初，九星村拥有农用耕地和非农建设用地5009亩，人均耕地不足三分，村民们以蔬菜和粮油作物种植为主，1994年粮食种植亩均净收入近百元，蔬菜种植亩均收入1000元左右。20世纪90年代中期，九星村的土地经过国家多次征用，仅剩下1307亩非农建设用地。由于征地对村集体和农民的经济补偿很少，被征地农民因为缺乏文化技能，陷入"种田无地，上班无岗，社保无份，生计无着"的"四无"困境。1994年，九星村集体经济的负债率达到87.4%，并长期拖欠着部分村民的养老金和医疗费，集体经济已经处在破产的边缘。

② "以市兴村、以商富民"阶段

a. 以市兴村，不断壮大集体经济

1994年，新当选的村党支部书记吴恩福带领支委会一班人，探讨1307亩非农建设用地的产业定位。他们摒弃房地产、都市工业等多种见效快的热门发展的选择，从长远和可持续发展的价值判断出发，认为九星村地处市郊接合部，交通便捷、人气旺盛，随着上海市快速向外扩张，新建住房将产生对装修材料的大量需求，决意兴办一个以建筑装潢材料为主营业务的商品交易市场，这就是上海市目前规模最大的九星综合市场。

首先，九星村从传统的种植业、养殖业和落后的加工业中逐步退出，向市场定位转型，先后建成"三场一路"，即大型停车场、农贸市场、养鸭场和虹莘路商业一条街，形成"外三产、内工业、沿路两侧是门面"的格局，使九星村从生产型农业向市场型农业转轨；其次，明确"工业为商业让路"的策略，把原有的厂房、仓库改为商铺，形成了星东路商业一条街，并在规划先行、道路先行、配套设施同步的原则下，形成了"井"字形、网格式的道路布局，开始形成专业批发市场的雏形；在此基础上，将非农业用地全部改造建成以建筑装潢材料为主的九星综合性市场，使之发展成为上海生产资料和建材的一个物流基地。该市场占地面积106万平方米、建筑面积80多万平方米，入驻全国各地商家8000户，经商务工人员3万多人，拥有五金、灯饰、陶瓷、胶合板、防盗门、油漆涂料等23大类专业商品分市场区，2011年销售额280多亿元。

在夯实市场主体经济的同时，积极延伸产业链、拓展新领域、挖掘新的经济增长点。在先后成立了广告公司和财务公司以后，2008年又新建了九星小额贷款股份有限公司、九星网、旅游公司和货物运输股份有限公司。

b. 以地为根，不断提高土地利用效率

九星村大型市场建设发展走出了一条盘活农村有限土地资源、进行集约开发利用的路径。在九星村建设和发展中，村干部认识到土地是农民生存之根、发展之本，如果在城市化进程中抓住土地这个根本，自己开发建设，发展农村集体经济让村民就地就业，才能实现土地的持续增值和农民的长久受益。因此，与将土地的支配权、经营权、开发权转让给开发商而村民只有一次性收益不同，九星村实行"自主开发、自主投资、自主招商、自主经营、自主管理"的"五自主"方针，确保了财富的逐步积累。在对非农建设用地的使用上，九星村坚持做到"五个不搞"，即：一不搞使用权转让的较低的绝对地租；二不搞土地批租；三不搞引进房地产开发等一次性收益项目；四不搞风险较大的工贸企业联营；五不搞占地多的农民别墅居住用地，而是把所有的非农建设用地集中起来，由村集体经济组织统一进行深度开发。土地的集中利用扩建了大市场和相关的配套设施，市场内停车场、饭店宾馆、邮局、书场、茶馆、超市等一应俱全，九星市场成为地区集采购、营销、物流和服务为一体的超级综合市场。

随着市场区域更大范围的拓展合并贯通和商铺租金的逐步提高，单位土地面积收益呈飙升态势，形成了投资—开发—再投资—再开发的良性循环。九星市场的级差地租效应不断凸显，而土地的所有权和经营权主体依然是九星村集体经济组织，体现了农村基本经营制度的生命力。

c. 以民为本，不断发展村民利益

九星村集体经济的壮大的收益不断惠及于民，保证九星村村民"有工作、有股份、有保障"。首先，村民基本实现了"劳者有其岗"。兴办综合性大市场以来，九星村没有一个因土地被征用而失地失业的待岗者，全体有劳动能力的村民，享受着非农建设用地自主开发的财产性收入，以及由此带来的工资收入的快速增长。其次，九星村进行了集体资产改制，2005年底，九星村完成了对其20%资产的股份制改革试点，全体村民3757人变成股民，成为资本市场的主人，村民每年除了享受按劳分配的工资外，还可以享受投资入股的分红收益，拥有了一块长期稳定的财产性收入①。再者，国家层面的社会保险停留于"保基本"，九星村村民享有的社会福利是建立在"政府+集体经济"基础上的双重保障供给模式。集体经济组织与村委会之间相互配合，推出多项涉及合作医疗、养老保险、物业补贴、教育奖学金等社会福利政策。在教育方面，对初中生、高中生给予一次性奖励，对在读的本科生和研究生，每年给予一定的教育资助。在养老保障方面，在享受国家基本养老保障的基础上，60岁～69岁的老人，每人每月享受补贴600元；70岁～79岁的老人，每人每月享受补贴800元；80岁以上的老人，每人每月享受补贴1000元。另外，村民的文化生活日益丰富，村里逐步建起了书场、村民学校、文化活动中心等场馆设施，还成立了村民腰鼓队、老年丝竹队等群众性文艺团队。并注重通过职业培训、技能培训和文化培训，帮助村民提高文化素质和工作技能。

3）发展机理

20世纪80年代，九星村在村党支部书记吴恩福带领下，充分发挥区位优势，抓住上海大建设、大开发的有利时机，适时调整传统产业结构，走"以市兴村、以商富民"的路子，盘活农村有限土地资源，利用村中非农建设用地创办以建材装潢为主体的综合性市场；并坚持"以地生财"的原则，将土地当成资本来经营，逐步完善市场业态，不断提升级差地租收益，促使土地经济收益的迅速增长以及村集体从土地经济中的持续获益；通过推进村级集体资产股份合作制改革，使全体股东（村民）能够长期享有土地和集体资产的收益分配，实现"人人有工作，人人有保障，人人有股份"、

---

① 2005年底，九星村拿出20%资产进行股份制改革试点，成立九星物流公司，全体村民转身为股东。九星物流公司经上海市发改委批准，是权责明确、产权明晰的现代股份制公司，成为上海村级集体经济改制中第一个可以上市的股份有限公司，"其经济成分既是民营经济，也是集体经济。"九星的股份分为人头股和劳力股。16岁以前60岁以后的村民，每人都有一份人头股，16岁以后60岁以前的村民既有人头股又有劳力股。在实施资产量化到个人时，遵循"户口在村、劳动在册"原则，由村民大会按照村民的贡献率，对每个村民逐一评估，不偏不倚；在本人同意的情况下，确定其最终应得份额。资产改制时，九星村采用"现金进现金出"的方法，先由政府指定具有资质的评估公司对资产按现行价格评估，再由村民按照股份出钱认购，得来的钱再按农龄分给村民。改制的资产并不包括公益性资产，而仅限定在经营性资产的范围。公益性资产约占村级集体经济组织40%的份额，如路、桥梁、卫生室、幼儿园等，该部分资产一部分用于保障村民福利，一部分用以服务经济发展。经营性资产量化到个人使九星村民成为真正意义上的集体资产所有者。对于村干部，除了与普通村民享受一样的股份外，不送股，也不奖股，而是设立占总股本10%的风险责任股，全村80余名干部按其所负责任和贡献大小，出钱认购该部分责任股。风险责任股与岗位相结合，不搞终身制，也不能转让，干部离岗则离股。

"村强民富"的理想状态，走出一条中国经济发展模式特色村的道路。

（5）旅游产业带动型——安徽省黟县西递村

1）基本情况

西递村地处安徽省黟县东南部，村落占地0.1296km²，现有常住人口1200人左右。西递村始建于公元1047年，全村尚存明清时期古祠堂3幢、牌楼1座、古民居124幢，是中国皖南古村落的杰出代表，是徽州文化和徽派建筑最具典型地方传统特色的古村落（图3-4-13）。2000年底，西递古村落被列为世界文化遗产，旅游业发展驶上飞速发展的快车道，当地居民的就业结构也由原有的传统农业生产结构向农商结合的模式转化，形成以旅游为主，粮油、桑蚕和林业并举的经济结构。

图3-4-13　安徽黟县西递村明清古建筑

2）发展历程

西递村旅游从1986年起步，经过近30年的发展和市场培育，已经具有一定规模和市场影响力，旅游业成为西递村的支柱产业。

①萌芽阶段（1985～1993年）

20世纪80年代中期，清华大学的几位老师到西递村考察古民居，认为西递村可以利用独特徽文化景观发展旅游。该建议得到当时村干部们的积极响应，他们带领大家利用农闲时间把村里的几个祠堂清理出来，又在村口搭建了一个小棚，挂起了"西递旅游接待站"的牌子；村民们在自家的老屋里卖些土特产、为游客烹制农家土菜；县委县政府成立了黟县旅游资源开发利用领导组，多方筹措资金对部分古民居、古祠堂进行修缮，由此拉开了黟县旅游创业的序幕。

②摸索阶段（1994～1997年）

1994年经黟县旅游局批准正式成立西递旅游服务公司，西递村在时任大队书记唐茂林的带领下，成立了村办旅游公司，积极开展外出取经、宣传促销、挂靠旅行社等一系列灵活机动的经营方式，并通过文化界人士及专家学者的宣传，使西递村的知名度不断上升，旅游业逐步走上正轨。1996年，村民第一次拿到了现金形式的旅游收入，每个农业户口的村民分红100元/人。

③发展阶段（1998年～今）

a. 明确旅游发展的主导地位

1998年，黟县县委、县政府首次确定了旅游业在全县国民经济发展中的地位，提出"大办旅游、办大旅游"的工作思路。并成立了黟县旅游经济领导组，于1998年底做出了申报世界文化遗产的决定。1999年，西递村在每个农业户口拿到170元分红的同时，开始了旅游分红中的"房屋分配"和"人口分配"。2000年11月，第24届世界遗产委员会会议做出决定，将安徽古村落（西递、宏村）列入世界遗产名录，并做出高度评价："西递、宏村这两个传统的古村落在很大程度上仍然保持着那些在19世纪已经消失或改变了的乡村面貌。其街道的风格、古建筑和装饰物以及供水系统完备的民居都是非常独特的文化遗存。"此后西递村声名鹊起，旅游直接收入和农民人均收入迅速提升。为进一步丰富景区文化内涵，先后投入200万元推出"后边溪民俗活动展示一条街"旅游项目；投资1000万元实施水口园林恢复建设项目；成功承办第34届环球"洲际小姐"采风、《皖南古村落—西递、宏村》邮票首发式；"首届中国乡村旅游节"等重大活动。

b. 以项目为支撑，加强基础设施建设

西递旅游服务公司组织专门队伍精心编制40个项目，强力对外招商引资，改善硬件设施，进一步放大景区功能、壮大整体实力；在保护核心景区文化遗产、突出景区功能的基础上，精心编制《西递新区总体规划》，投资2500万元建设配套服务的西递新区；先后投资2500万元实施西递供水、古民居白蚁防治、三线地埋和古民居消防等重点工程；引进外商投资5000

万元建设四星级香溪国际大酒店,大力提升旅游接待水平;投资800万元在全村的街道、巷弄等处安装仿古灯具,实施西递至中心城区全程亮化。2005年全镇共实施项目18个,其中1000万元以上重点项目5个、完成投资总额5993万元,全社会固定资产投资4112万元,有力地拉动了镇域经济增长。遗产申报成功后,累计投资两亿余元用于文化遗产保护和景区及周边环境治理,实施百村千幢、重要节点建设、白蚁防治、景区景点环境整治等项目20余个,改善了村落人居环境;相继投入数百万元,为村民安装自来水,购买液化气灶,兴建教学楼、开办福利院,开通有线电视和程控电话。

c. 参与式旅游经营管理模式

西递旅游经营开发是由西递村人主导的乡镇企业性质的旅游公司。目前西递村旅游管理体制中牵涉到的规制主体有旅游管理委员会、村委会、村办旅游公司、西递镇镇政府、黟县旅游局、黟县县政府、省级主管部门如文物局和旅游局等。村办旅游公司是按《企业法》注册的村办集体企业,其中西递村委会是旅游服务公司的原始投资人。旅游管理委员会是代表国家对"世界文化遗产"进行专业管理的常设机构。明清古建筑作为独立民居,其固定资产产权属于个人所有。

在现行管理体制下,西递旅游公司每年门票收入的20%上缴县文物保护基金。其中,上交部分的80%用于西递旅游发展的专项资金。除上缴财税、文物保护基金外,西递旅游公司与西递村按照1∶1的比例分配门票收入。其中在西递村的利润收成中,除20%留作村集体公益事业基金之外,其余的80%在村民之间分配。村民之间的收入分配由两部分组成:按照西递村的人口分配和按照西递村房屋建筑面积分配。"人口分配"和"房屋分配"在2002年以前一直维持在1∶1的比例,2002年微调为4.5∶5.5。"人口分配"以"门前三包"环境保护费的方式发放,分为三种:全额享受(100%)、部分享受(40%)和免予享受。"房屋分配"以"古建筑资源保护费"的形式发放,用作村民修缮、维护古民居的费用。"人口分配"和"房屋分配"的收入分成模式使西递村旅游业的发展拥有强大的群众基础和认同感。西递村民居住的古民居及其日常生活方式构成了鲜活的徽州民俗文化,是西递旅游不可或缺的一部分,"人口分配"在一定程度上是对村民的休息权、劳动权和居住权的补偿。"房屋分配"是对村民的房产权、公共景物所有权等的有偿使用，供村民作古民居日常维护和修缮之用，各户对其所有的古民居有保护的义务。

参与式旅游业的发展，使旅游业成为村民增收的重要途径。村民每年可在村旅游收入中得到分红；有能力从事旅游业经营者，可获得更多的就业机会和商业机会；对游客开放的民居每天可得到一定的补助，并可获得在家中销售旅游商品的权利。同时，旅游业的发展，带动了吃、住行、游、购、娱等相关行业的兴起，旅游商店、古玩市场、饭店、酒楼等应运而生。2007年，西递村经济总收入1235.2万元，农民人均纯收入5400元，农民收入的75%以上来自于旅游业。

d. 开发与传承并重

为保护珍贵的旅游资源，黟县县政府主导编制了《西递古村落保护规划》、《西递、宏村基础设施建设和古建筑修缮设计方案》，斥资近2000万元对村落内的古民居资源实行抢救性发掘，对古村落的周边环境进行恢复性治理；成功申请世界文化遗产后，探索成立了以"县、镇遗产保护管理委员会、村遗产保护管理监察大队及民间保护协会"为核心的县、镇、村、民间组织四级保护管理网络；并常年安排专业技术人员对古民居进行排查、诊断、修缮，聘请徽派建筑专家和旅游界资深学者担任景区建设顾问，攻克古民居维护修缮、白蚁黄蜂防治等难题。

3）发展机理

20世纪80年代以来，西递村在村干部和上级主管部门引领、带动下，依托珍稀的明清徽派建筑资源，坚持"大办旅游、办大旅游"的发展定位，通过不断加强基础设施建设，完善旅游功能，并借助世界文化遗产的名片效应，实现了旅游产业的快速发展。在旅游发展过程中，注重开发与传承并举，采取参与式旅游经营管理模式，确保本村村民从历史遗存的开发、保护中不断获益，使旅游业的发展拥有强大的群众认同感，实现了旅游发展、村民获益、村庄基础设施完善、村庄经济能力提升的良性循环。

然而，随着旅游蛋糕的做大，西递村发展也面临着一些新的挑战，突出表现在以下三个方面：一是在探索科学合理的开发模式过程中，如何协调所有权与经营权的关系，如何协调相关利益主体的细则收入分配问题；二是如何协调经济发展与旅游承载力的关系、主客文化差异的关系，如何解决修缮技术失传的威胁，如何解决各种污染给古村落环境带来巨大压力、现代生活方式挑战淳朴民风、旺季旅游接待量超载等问题；三是囿于村级旅游公司管理人才缺乏，如何摆脱村办集体企业人治的传统，实现世界遗产地的高品位开发和企业的长远发展。

（6）劳务输出带动型——重庆开县

1）基本情况

重庆市开县是三峡库区的人口大县和闻名全国的"打工第一县"。全县170万人口中，近70万人常年在外务工。2010年9月成为重庆3个"农民工创业示范县建设"试点区县之一，到2014年底，返乡创业人员共投资农业项目3989个，超过全县农业项目总数的80%。返乡创业人员共创办第三产业实体近两万户，对全县第三产业的贡献率超过70%。返乡创业人员创办的经济实体已经超过2.7万户，投资总额超过275亿元，对县域经济增长的贡献率超过了50%。"打工第一县"，变身为"返乡创业第一县"。开县在经历由劳务输出型地区，逐步转变为依托返乡创业大军为带动；以美丽乡村建设为手段，有序开展村庄"农迁农"活动，全面推进农村人口的梯度转移；以"地票"储备和土地合作经营为突破，推动农村地区生产、生活空间的重构；以返乡农民再创业为基础，夯实农村地区产业基础的开县村镇建设模式。

2）发展历程

①2007年之前：劳务输出为主体，劳动力流失严重，农村以传统粮食耕作为主

开县作为三峡库区移民安置重点区，本地区传统上山区众多，剩余劳动力充足，可供开垦的耕地有限，农业以传统农作物种植为主，农民生活水平偏低，是贫困集中高发地区。劳务输出成为本地区农村发展的重要出路，外出务工经济是开县的第一经济，农民的务工性收入占农民纯收入的比重很大。

②2007年之后：返乡创业、农村人口梯度转移、土地流转、现代农业

开发为特征的新型农村发展模式

a. 返乡创业成为开县走向新发展之路的重要推手

2007年爆发的全球金融危机，对以外向型经济为主导的沿海地区冲击较为严重，引发了外出务工人员回乡创业的热潮。2007年开县投资在5万元以上的返乡创业企业和个体工商户就达2800多户，吸纳县内4.1万名农村劳动力就近就地就业。农村富余劳动力转移正由单纯务工增加收入逐步向积累提高和创业发展阶段转变。开县返乡创业人员中，当选为人大代表或政协委员的有33人，担任支部书记或村主任的有132人，他们成为本地农民的贴心人，成为党和人民群众联系的纽带。2012年春节，开县共有13.2万农民工返乡，比2011年（12万人）增加了10%。其中外出务工者中，70%愿意返乡，20%已长居外地，另有10%还在观望。2010年3月，开县成为全国首批5个"西部地区农民创业促进工程试点县"之一，同年9月成为重庆3个"农民工创业示范县建设"试点区县之一。

县委县政府还通过重点扶持，强化第三产业创业孵化基地在创业培训、融资担保、项目策划等方面的孵化服务功能，助推返乡创业企业在第三产业中快速成长。培育创业"劳务大军"成为创新主体。创新推出了"总厂+分厂+车间（加工点）"的生产组织模式，为促进企业创新，开县还引进西南大学等3所高校举办金融硕士班和企业管理硕士班。把"返乡创业"引向"大众创业"。为了吸引更多外出务工者返乡创业，全县率先设立"劳务产业办公室""农民工返乡创业工作领导小组"，有效加强劳务管理，从管理层面为务工人员回乡创业营造和谐氛围。根据开县县情和农民工返乡创业的特点，规划建设了"一区三园三分园多点"的返乡创业工业园区和"全县一网"的农业创业平台、"服务一体"的三产孵化平台，为返乡创业人员办证、用水、用电、用地等提供全程"保姆式服务"。截至目前，返乡创业人员共创办第三产业实体近两万户，对全县第三产业的贡献超过70%。"打工第一县"，变身为"返乡创业第一县"。

外出务工人员返乡创业促进开县农村地区开发建设进入快速发展的新时期。在外打工生涯的锤炼，积累了资金，开阔了视野，培养了能力，他们返乡创业，对促进农村经济发展和社会进步具有非常明显的作用。推动了当地农业产业化发展，成为促进当地规模种养殖业发展的排头兵、带头人。改变了过去农村生活中的一些陋习。改善过去由于常年外出务工而形成留守儿童、空巢老人以及部分土地撂荒问题。

b. 以"农迁农"为代表的美丽乡村建设，搭建区域农村发展的基础

开县已整合各项投资1.1亿元，启动"美丽乡村"集中安置点40个，以统筹城乡发展为主线，以美丽乡村建设为载体，紧紧围绕"贫困农民下山"，促进城乡资源要素互动为目标，大力实施"农迁农"工作，全面推进农村人口梯度转移步伐，全县累计实现"农迁农"53048人。依托雪宝山国家级森林公园，开县总共建设153个乡村养生庄园，这些养生庄园完成，将形成6万多户的接待规模，每年可吸引50余万人避暑养生。开县将高山生态扶贫搬迁与"美丽乡村"建设、特色产业建设有机融合，充分尊重群众意愿，坚持宜居、宜业、宜游的品质要求，整合打捆相关政策，确保高山生态扶贫搬迁工作有序推进。

美丽乡村建设过程中，毫不动摇地坚持"政府规划、政策扶持、市场运作、群众自治"的基本原则。一是政府统一规划。二是用好扶持政策。出台《开县贫困村美丽乡村建设户口迁移实施办法》、《开县贫困乡村建设操作细则》等文件，集约节约用地，为全县贫困村美丽乡村建设提供强劲保障。三是遵循市场规律。充分发挥市场对基础资源的配置作用。四是坚持群众自治。充分尊重贫困村群众意愿，切实做到村民自主决策、自主管理，自主监督。

c. 土地流转、现代农业开发促进农业产业化、专业化

全县按照"宜农则农、宜牧则牧、宜林则林、宜游则游"的原则，发展县级以上农业龙头企业71家，农业专业合作社1409个；2012年农业增加值增长5.8%，增速位居重庆市各区县前列；以土地专业合作社为载体，完成农业招商引资5.3亿元，贫困村农业集约化经营迈出了新步伐。贫困村美丽乡村农户的农家乐累计已接待游客16万人，实现创收384万余元；开县金土地农业开发公司，已拥有3000多亩夏橙、血橙基地，2000多亩双杂制种基地，累计投资达750余万元，预计今年可实现产值1780余万元。以金土地为代表的农业开发公司，推动本地区土地的集中流转，促进本地区

农业向产业化、专业化方向发展。大胆推进金融创新，制定出台《关于小微企业创业联保贷款实施办法》，促进农村土地承包经营权、林权、农村房屋"三权"抵押贷款，盘活农村地区的金融活力，促进城市资源有序下乡，推动城乡资源良性互动，激发农业产业升级换代。

3）发展机理

劳务输出继而引发的地区性返乡创业浪潮是开县快速发展的重要推力（图3-4-14）。传统上劳务输出地区由于资源禀赋与区位劣势等原因形成了发展"洼地"，通过在外务工，带回了沿海开放与发展的思路与视野，夯实了自身的经济基础，获得了改变生活的技术，这些都是劳务输出地区实现战略转型发展必然条件。开县以返乡务工回流为机遇，充分搭建劳务输出人员"创新、创业"的政策与平台，制度创新推动产业升级，以产业更新换代推动乡村建设。产业变革改善农村地区基础设施、投融资环境、金融环境，为城镇建设提供动力。促进农民离开土地，有效推动农村进行土地流转，实现规模经营，增加农民收入渠道，有效增收，实现脱贫。村镇建设活力充足，有效推动农村居住环境改善，保护地区生态环境，建设美丽乡村。最终形成以"回乡创业"为带动，产业升级发展为主导，就地城镇化为导向的发展模式。

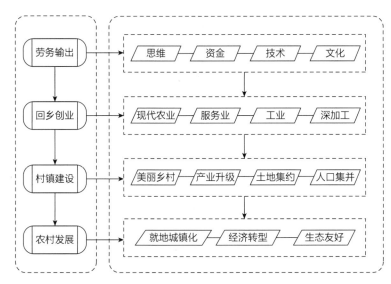

图3-4-14　开县劳务输出主导型村镇建设模式

（7）城镇建设带动型——深圳市龙岗区南岭村社区

1）基本情况

南岭村社区是深圳市龙岗区南湾街道下辖的一个社区，位于深圳市中部，面积4.12平方公里，交通便利、地理位置优越。社区内总人口6万人，其中户籍人口2000多人，原居民800人，外来劳务工4万多人。2010年，社区集体经济总收入2.7亿元，完成税收1.8亿元。目前，社区集体固定资产已达20亿元。社区里实行工资制，老年人享受退休金，居民全部住上别墅式楼房。南岭村社区现有企业50多家，商业广场、五星级酒店、休闲公园、一级甲等医院、省一级学校，银行、邮局、图书馆等公共设施一应俱全（图3-4-15）。从1983年至今，南岭村获得了600多项荣誉，其中国家级荣誉25项，获得"全国文明村镇创建活动示范点"、先后十一次被评为广东省"文明村"、"文明示范单位"和"文明社区"。江泽民在视察南岭村时高兴地对大家说："来到这里我有一种体会，城乡差别的消失，曾经是我们理想愿望当中的东西，现在已完全变成了现实。"南岭村以现实的脚步走出一条精彩的乡村城镇化发展道路。以大城市为依托，利用优越的地理位置，先进的社区管理体制，为城镇建设带动乡村地区转型发展提供可供参考的案例。

图3-4-15　深圳龙岗区南岭村村貌

2）发展历程

①改革开放以前：传统农业主导、人口外流严重阶段

改革开放以前，南岭村有134户576人，分4个生产队，只有20多头耕牛，10多台打谷机，一个小型粮食加工厂，几间泥砖饭堂改建的生产队仓

库，南岭村是出了名的穷村，人均收入不足100元，生产靠贷款，生活靠救济，因为穷和脏，被人戏称为"鸭屎围"。因为靠近香港，本地发展条件有限，经济窘迫，人口外流严重。产业结构处于初级生产力发展阶段，村庄建设呈现依地形而建的布局特点。

②改革开放以后：抢抓产业发展机遇夯实经济基础，创新村庄产权体制，突破制度限制，完善社区管理，以人为本实现人口市民化，走上高度城镇化发展道路。

a. 20世纪80～90年代，土地集体化，农工商产业大发展，打牢经济基础

20世纪80年代之初，借助改革开放的强劲东风，把握了发展的机遇积极发展内引外联，1980年，他们与和平县联营办起了南和电子厂。1982年，又引进了港商投资20万港元，办起了松果丝花厂。为顺应产业发展的土地需求，1983年，村支部决定将包产到户的土地收回，南岭4个队合并，利用200万元征地补偿费改善投资环境，发展集体经济，以此壮大本村经济，走共同富裕之路。在10年时间里，村集体先后投入工业基建的资金2亿多元，兴建厂房和生活配套设施30万平方米；引进外资3亿港元，办起"三来一补"企业和"三资"企业28个，内联和自营企业5家，生产电子、电器、五金、皮革、玩具、手袋等10多种产品，远销香港、东南亚和欧美市场与此同时，采取以工补农的办法，巩固农业的基础地位。先后投资1500万元，发展"三高"农业，因地制宜，开辟水果基地1000亩，蔬菜基地2000亩，还兴办比较现代化的养猪场、养鸡场养鸭场。此外，该村还注意发展商业，拆除一批旧屋，兴建商业大楼4000平方米，开设档位300个，形成了工农商3个产业共同发展的良好局面，村固定资产发展到10个亿。到1996年，村民的非农产业收入比例高达90%，南岭村产业结构全面由农业转向非农业，农民转变为"离土不离乡，进厂不进城"的新式工人。

随着经济的发展，南岭村整体城市化程度也迅速获得提高。村财政投资100多万元修桥铺路，连巷道都铺上了混凝土。投资46万元，修建排污下水道、无害公厕、垃圾池。投资3000多万元兴建占地3万多平方米的南岭医院，技术力量雄厚，被评为全国首家村办一级甲等医院。投资500万

元修建高标准的幼儿园、小学，投资数十万兴建藏书5万多册的图书馆。投资3000万元，修建占地5万平方米的公园（内有高尔夫球练习场、过山车等）。南岭村有省一级的电影院一座，有占地1000多平方米的文体中心一个，篮球场10多个、"大家乐"舞台4座。南岭村从1983年起就有了30多人的清洁队，专门负责村社区的清洁。经过20年的快速发展，村庄整体面貌焕然一新，由原来的偏僻村庄，逐渐纳入到城镇的生产与生活节奏中。

b. 创新产权管理，构建村庄长远健康发展保障

南岭为适应市场经的需要不断进行产权制度的改革探索，为构建村庄健康长远打下坚实的群众基础。1983年开始实行工资制，村民参加劳动后，每月发工资，年终再分红利。为避免个别人懒惰思想，调动村民的积极性，1994年，南岭村又及时采取更加有效率也与本村经济相适应的股份合作制分配方案。将全村10个亿的固定资产作为股本，分为集体股和分配股，其余10%为基金，专门用于分配给新生婴儿。集体股分配的股金用于扩大再生产，以不断壮大集体经济实力。分配股在每年股金分配额中提留15%~20%作为公积基金后，余额按等级分配给村民。这种产权制度设计，有效避免"大锅饭"、平均主义的分配问题，调动了全体村民的积极性和创造性。股权转让必须经过村委会和全体股东同意，方能转让（上市公司除外）。乡镇企业的收益，在"三权归位"的产权制度正式确立以前，仍然按照10%、20%、60%的方式进行分配，等"三权归位"的产权制度正式确立以后，完全按照股东大会的决议来分配企业收益，此时，村民的福利和养老问题逐步过渡到由社会保障解决。南岭村产产权制度设计，是南岭村经济分配的顶级设计，为村庄长效发展提供保障。

c. 21世纪以来内涵提升，创新引领

南岭村从2002年开始进行了大规模的旧城改造。首期改造面积达10多万平方米，用于建设现代化的商业广场。2003年初，一个面积达10多万平方米的石材交易市场开始动工，2004年底，正式投入运作，每年为村里增加收入1000万元。2004年，南岭村改制为南岭村社区。经过几年持续的快速发展，南岭村经受住了2008年国际金融危机的考验，全村集体经济总收入当年继续保持适度增长。近年来，南岭村在转型升级上频频出招。村

里帮助一批来料加工企业转型为三资企业；将一些空置的厂房配套升级为"珠宝园"、"丝绸园"。画家创作基地等。南岭村正逐渐把旧的工业区改造发展文化产业，并且利用文化的影响力促进村经济的转型，包括村民素质的提高。

2014年以来南岭村将原本可以出租赚钱的厂房花钱改成暂时赚不了钱的创客空间，2015年将另一处6万平方米的旧工业区建成新兴产业孵化基地。南岭村正走向新一轮创业道路。南岭村社区立足产业转型升级中心工作，加快推进求水山珠宝园清理整治，着力打造8万平方米"南岭创意小镇、聚橙演艺文化产业园"等创意产业项目；积极做好社区长远的环境规划建设工作，由中国城市规划设计研究院对社区更新规划研究，将按照6个单元布局，科学规划发展，逐步建成产业发达、环境优美的现代化社区；加快建设幸福南岭步伐，推进"来了就是南岭人，南岭一家亲"服务品牌，并向物业小区延伸。

d. 提升综合服务，村庄社区化，人口市民化

居民自治是南岭村社区管理的核心，而保障居民自治最有效的手段是公开透明的民主管理制度。凡涉及社区发展规划、兴办公益事业、开发经济项目以及财务收支等与群众切身利益相关的大事上，都要经过党委会提议、"两委"会商议、党员大会审议、居民代表会议或居民大会决议这四道关口把关，有效保证了社区的建设和管理规范运行。而《居民自治章程》《绿色社区环保公约》《南岭村社区联系户制度》《社区走访制度》《社区居委会联席会议制度》《居委会印章管理规定》等，均是南岭村社区一套完备管理制度的组成，加之完整的组织架构与专职工作人员，可谓制度保乾坤。

南岭村社区服务中心是社区实现村民市民化的重要平台（图3-4-16）。2010年，南岭村社区"两委"以便民利民为出发点，决定将一栋建筑面积1万平方米、改造成为全市规模最大功能最全的社区服务中心。投入改造资金近千万元的服务中心，自2012年陆续投入使用以来，可向居民提供31种服务项目，城市固有、农村特有连同新出现的需求，在南岭村社区服务中心都给群众备齐了。安全感是人的第一需要，南岭村在文明社区创建过程

图3-4-16　南岭村社区服务中心

中，积极推进网格化管理，将全社区划分为6大片区、33个网点，做到"两包三定"，即包网、包片，定岗、定人、定责。并推行楼栋长责任制，每栋楼都能找到党员和义工。在"两委"办公楼的一楼，全天候值班的电子监控室里，工作人员正聚精会神地查看传回的监控录像。近300个电子监控探头，实现了社区全覆盖，确保安全隐患无死角。

3）发展机理

南岭村凭借临近香港和深圳城区的巨大优势区位，依靠三资力量发展乡镇企业；以土地集体所有制为基础壮大集体经济实力；以农业产业和非农产业同时发展为方向实现产业结构优化调整，把传统农业生产逐步转化到现代完善产业体系；随着市场经济的推进而悄然改变着，发展成了一种与市场经济完全相容的、具有较强生命力的产权制度模式，在原有的单一的集体土地所有制和集体经济的基础上发展起来的，适应市场经济要求的经营者和生产者全员持股的新型股份合作制集体经济。以城镇建设为带动，由初期的统一规划村民社区，到社会更细规划，社区整体规划水平，由扩张发展到精细发展，实现土地高效利用。以创新驱动为先导，提升本地区产业高度化、现代化水平，为城镇建设提供经济保障。以文明社区管理为突破，以搭建社区服务中心为平台，实现社区科学化、网格化、民主化管理，促进便民服务便利化、集中化、一体化。南岭村社区通过30年的不断发展，逐步发展成为城镇建设为带动，内涵发展为基础的城乡一体化道路。

4　典型村镇建设和农村发展模式共性分析

区域农村发展系统是一个由各要素交互作用构成的开放系统。村镇建设与农村发展是地方行为主体基于对本地资源禀赋、产业基础等发展条件的评判，以功能定位为导向，通过整合和配置乡村地域土地资源、人力资源等物质和非物质要素，实现农村发展系统内部各相关子系统之间协调发展，及其与农村发展外缘系统之间资源优化配置、要素有序流动的过程。地域自然禀赋、经济基础、人力资源、人文氛围、生态环境等作为农村发展的内在动力，决定着区域农村发展系统的活力和农村自我发展能力的强弱。区域发展政策、工业化和城市化发展阶段等作为外部影响因素为农村发展提供动力源泉和强力拉动。农村发展实践过程中某一种具体模式的发育与成长，往往受多种外部和内部因素的综合作用。不同类型农村发展模式的成长与运行既存在很大的差异性，又具有一定的共性。深入分析典型农村发展模式的共性，能够为培育新型村镇建设和农村发展模式提供参考。

（1）科学的发展功能定位是各类农村发展模式成长与运行的基本前提

科学的发展定位建立在对区域优势和外部市场需求的深入分析基础上。农村发展模式的培育与发展必须凸显自然资源、人力资本、历史文化等区域优势，因地制宜地利用本地资源选择发展方向，打造地域特色，参与地域发展分工协作。科学的发展功能定位还需建立在对宏观发展环境的科学研判和动态把控上，顺应外部发展环境，适时快速调整、优化发展模式。如九星村党支部书记吴恩福上任之初，基于对村域产业基础、资金能力、区位条件等客观分析基础上，抓住上海大建设、大开发的有利时机，适时调整传统产业结构，确定"以市兴村、以商富民"的发展定位，盘活农村有限土地资源，改造建成以建筑装潢材料为主的九星综合性市场。在后续发展中，在夯实市场主体经济的同时，根据市场需求变化，拓展小额贷款、旅游、电子商务、物流运输等新领域，不断挖掘新的经济增长点，使村域经济保持持久活力。

（2）能人因素贯穿典型村镇建设和农村发展始终

能人包括创业能人、技术能人和营销能人等。创业能人具有企业家精神和一定的资本积累，在村镇产业的选择和发展方向的把控上起着关键性作用；技术能人通过为其他农户提供技术、信息等服务支撑带动农业产业化型村镇的发展；营销能人对提高农民进入市场的组织化程度和拓展多元销售渠道起着重要作用。九星村的吴恩福、滕头村的傅嘉良、邢店村的王富勇都是农村中的能人，他们通过整合村镇内部资源、吸引外部力量，制定开放型的村域发展战略，构建专业化经济组织，推进机制创新，提升要素配置效率，实现村域经济社会的全面发展。

（3）重视特色产业培育，增强村镇发展的产业支撑力

典型案例中村镇发展模式，或基于人多地少的区情，依托龙头企业构建工业体系，确立"工业立镇"、"工业兴村"的发展定位；或基于区位优势，瞄准城市化大推进的发展机遇，兴办村级市场发展商贸服务业，"以市兴村、以商富民"；或基于深厚的文化积淀和区域民俗需求，培育、引导文化产业发展；或调整种植、养殖结构，完善农业合作化组织，走农业专业化、产业化道路；或顺应休闲市场需求，借助历史遗存，发展休闲旅游产业。产业发展是农村发展的动力源，对人口就业结构的改变、土地利用方式的转变以及村镇自我发展能力的提升等均施加重要影响。非农产业的发展为转移农民、强村富民搭建了平台，并通过劳动力的非农转移进一步释放土地潜力，为土地整治和乡村空间重构提供操作上的可行性。农业产业化、专业化的发展道路，改变了传统农业细碎、分散的经营特点，为农业生产率的提高和现代农业的发展提供了有效途径，为农村剩余劳动力的非农转移创造了重要前提，传统农区乡村经济的发展应着力从调整农业内部结构和实行产业化经营上做文章。

（4）整合乡村发展要素，促进资源优化配置，实现农村地域系统"人口—土地—产业"的耦合和协调发展

人口、土地、产业三者相辅相成又相互制约，共同构成地域农村发展链条上的三个重要环节。农业生产效益的提高有赖于建立在传统农业结构调整基础上的专业化、产业化经营；专业化、产业化经营有赖于适度规模的土地流转；而土地流转的顺利进行有赖于如何将农民从土地上解放出来，实现剩余劳动力的非农转移；剩余劳动力的非农转移需以建立在非农产业发展基础上的大量就业岗位为支撑。区域农村发展是以人口—土地—产业为核心的乡村发展要素相互耦合、协调作用的过程。典型案例的发展模式中，均较好地处理了人口转移、土地流转与产业培育的关系，通过土地的

集约利用，或对腾空土地适度流转、规模经营，走农业产业化道路，并进一步释放农村剩余劳动力，为农村非农产业的发展提供劳力支撑；或利用腾空土地发展非农产业，实现剩余农村劳动力的非农转移，解决土地流转后农民的后续生计问题，进一步为新社区建设和土地集约利用创造条件。

（5）将乡村发展置于城乡发展系统、区域发展系统乃至全球范围框架之内

经济一体化背景下，在区域乃至全球范围内不断寻求资源的最优化配置，参与社会生产分工，是当前农村发展模式的重要成长点之一。例如，九星村充分立足全球市场，获取发展所需的资本、劳动力和资源，深化实施世界品牌战略，将生产产品销往全世界，成为最具发展活力的模式之一。

（三）村镇建设和农村发展的制度创新与政策建议

在快速工业化、城镇化驱动下我国广大农村地域人地关系发生了巨大变化。从区域层面看，东部沿海农村发展面临资源环境约束、农业生产功能衰退和工业转型升级的压力；平原农区面临种粮比较效益低下、农村发展主体弱化、村庄土地利用粗放的问题；西部丘陵山区面临生态环境脆弱、社会经济基础薄弱、内外动力牵引不足等问题。以上问题的实质是经济社会转型背景下人口、资源、产业等城乡发展要素结构性失调和资源配置错位的外在表现。城乡二元制度体系的长期存在是造成我国城乡关系失调和农村发展滞后的制度根源。城乡关系割裂，一方面造成城市资源的过度集聚以及由此引发的"城市病"；另一方面，伴随工业化与城镇化的快速推进，引起农业生产要素高速非农化、农民社会主体过快老弱化、农村建设用地日益空废化、农村水土环境严重污损化等"乡村病"。创新统筹城乡发展的体制和机制，是破除城乡二元结构，促进城乡要素有序流动的基本保障。在新型城镇化的背景下，统筹城乡发展应以改革城乡分割的户籍制度、促进公共服务均等化、推进农村土地制度改革为重点，构建城乡要素平等交换平台，为城乡土地、劳动力和公共服务等资源的优化配置与平等交换提供制度保障，实现城乡资源高效利用、生产要素自由流动以及公共资源

均衡配置，不断增强城镇对乡村的带动作用和乡村对城镇的促进作用，形成城乡互动共进、融合发展的格局。

当前，从宏观经济形势看，我国劳动力密集型、资源密集型产业的传统发展方式对经济带动已达到峰值。在资源、环境双重约束下，亟需通过制度创新和资源优化配置寻求新的经济增长点。就村镇建设而言，应以统筹城乡发展、促进城乡要素有序流动为核心，加强农业基础地位，保障国家粮食安全；构建促进城乡一体化和村镇建设的制度链条，进一步推进农村土地制度、税费制度改革；加快完善惠及民生的各项政策保障体系，加大国家对农村低保、医保、新农保等公共资源的投入力度；以产业培育为核心，增强村镇发展的活力和动力，搭建农村产业发展和创新、创业的政策支持平台；优化村镇空间体系、重构乡村空间格局，分区、分类探索村镇规划的编制技术和标准；进一步强化政府在村镇治理体系中的宏观决策功能，加强村级领导班子建设，提高村民自治能力，创新农村基层的民主制衡机制，重构村镇自治体系，优化农村管理模式。

1 加快完善粮食生产支持政策体系，保障粮食生产能力，稳定粮食产量；关注农村水土资源基础，提高粮食种植科技水平，保障粮食质量安全

（1）中国粮食安全面临的挑战

受快速工业化、城镇化驱动，我国城乡生产要素配置发生了重大变化。突出表现为农村人口的非农化转移和兼业化态势、农村土地快速非农化与非粮化态势、农村水源和土质快速污损化。

1）农村人口的非农化转移和兼业化态势。1978～2012年中国城市化率从17.92%增加到52.57%，农村人口比重由82.08%减少到47.43%。由于我国城乡二元社会经济结构和与之相联系的户籍制度，使得上亿农村外出务工人员只能"城乡两栖、往返流动"，从事农业兼业生产，并衍生出庞大的农村留守人口群体以及与之相伴的农业生产主体弱化，造成农业生产资料和人力投入不足、农业生产趋于粗放、农业科技推广困难等问题；耕地非农占用、种粮比较效益不高，"三废"污染等，我国粮食产量面临着巨大

的安全隐患。

2）农村土地快速非农化与非粮化态势。由于农业内部结构调整和建设占用，乡村土地非农化和非粮化，耕地大量减少。1990~2012年我国建设占用耕地面积从838平方公里增加到2594平方公里。尽管我国实行了最严格的耕地保护制度和耕地占补平衡政策，耕地因建设占用流失部分与同期土地开发、整理、复垦部分基本实现占补数量平衡，但未能实现质量上的平衡。粮食播种面积由1978年的12058.7万公顷减少到2013年的11195.6万公顷。

3）农村水源和土质快速污损化。据2010年《第一次全国污染源普查》，我国农村污染物排放量约占全国总量的50%；2013年我国农村垃圾集中处理率仅占50.6%，约88%的生活污水未经集中处理随意排放；农村地区化肥、农药的粗放低效利用，导致农业生产非点源污染严重，截止至2011年底我国累积"癌症村"总数为351个。据有关资料显示，全国共有1300万~1600万公顷耕地受到不同程度的农药污染，有近2000万公顷耕地受到镉、铅等重金属污染。

我国农村人口-资源-环境系统面临的新问题，加之粮食生产成本日趋上升造成种粮比较效益下降、农民种粮积极性降低，均对我国粮食生产的数量安全和质量安全产生巨大挑战。然而，保障国家粮食安全对于经济社会发展具有全局性、战略性，是影响经济发展、国家自立和社会稳定的重大问题。中国既是一个农业生产大国，也是一个粮食消费大国，中国粮食安全会对世界粮食安全乃至国际政治经济关系产生极大影响。近年来，虽然中国粮食生产在国家积极政策支持下实现了连续增长，但是国内粮食消耗量仍大于生产量。考虑到中国目前正处于工业化和城市化快速发展时期，加上人口持续增长和人民生活水平不断提高的现实需要，未来中国的粮食安全仍然会面临巨大压力。

（2）保障粮食安全的政策建议

实现粮食安全是一个系统的工程，要切实践行"以我为主、立足国内、确保产能、适度进口、科技支撑"的国家粮食安全新战略，关键解决"谁来种粮、怎样种粮"的问题。

1）加快完善粮食生产支持政策体系，保障粮食生产能力，稳定粮食产量

实现粮食安全首先需要解决的关键性问题就是"谁来种粮"的问题，加快完善粮食生产支持政策体系，通过综合施策调动新型经营主体的种粮积极性。

①稳定、完善、强化扶持农业发展的政策，切实调动农民种粮的积极性。尽管近年来中国政府实施了一系列旨在促进农业增产、农民增收的措施，如从2004年开始实行良种补贴、种粮直补、农机补贴和农资综合补贴以来，且每年不断增加补贴数额；2004～2011年间中央财政对粮食主产区转移支付年均增长速度为27.8%；从2006年开始全面实施对小麦、稻谷两大重要粮食品种的最低收购价政策；自2008年起，连续多年提高最低收购价格等。但由于化肥等农业生产资料价格不断攀升、劳动成本的不断上升，种粮农民的收入和成本之间仍呈现负增长的态势，使种粮农民真正得到的实惠杯水车薪。基于粮食安全在社会经济发展中的重要战略地位，中国的粮食经济应独立于世界市场，注意保护国内产业，继续稳定、完善、强化扶持农业发展的政策：根据实际情况加大对种粮农民的补贴力度，增加良种补贴和农机具购置补贴；适应农业生产和市场变化的需要，建立和完善对种粮农民的支持保护制度；调整国民收入分配格局，国家财政支出、预算内固定资产投资和信贷投放，不断增加对农业和农村的投入。

②对农民的承包地进行确权颁证，从法律上保证农民对承包土地的使用权，促进土地流转和规模经营。土地是农民的安身立命之本，只有从根本上解决农民的土地权属问题，才能解决农民的粮食生产的主动性。我国宪法明确规定，农村土地归集体所有，农村土地承包制长久不变。对农民土地权益的讨论问题，必须在这个大框架下进行。解决农民的土地权属问题，必须对农民的承包地进行确权颁证。按照农村家庭联产承包制长久不变的制度安排，明确农民对承包土地的使用权，把承包经营制度长久不变真正落到实处。

2）关注粮食生产的水土资源基础，提高种粮的科学性，切实保障粮食质量安全

农业生产中化肥、农药、农用塑料地膜的过量使用，以及农业生产中

水资源的不合理利用，使农业生产环境日益恶化。2013年中国粮食总产量达到60193.5万吨，远远超出《国家粮食安全中长期规划纲要（2008-2020年）》中提出的远期目标。粮食增长的背后是高昂的生态成本代价的付出。2010年中国化肥使用量为5561万吨，比1978年增加了529.07%；农药使用量为171.2万吨，比1978年增加了229.23%。目前，中国单位土地化肥使用量是世界平均水平的4.2倍，中国单位面积耕地农药使用量是世界平均水平的2.5倍，大大超过了国际公认的安全上限。

鉴于此，在生产环节，应重点关注粮食生产的资源、环境、生态的可持续利用。一方面，改变过去几十年主要依赖于要素投入的增长方式，减少化肥、农药、农用塑料地膜等农业投入品的过量使用，提高农业资源利用效率，利用科技进步和集约化生产方式促进农业增长。另一方面，大力推动农业科技创新，推动新品种选育、耕作栽培、土壤保育、节水灌溉、减灾防灾等关键技术创新和升级，形成保障国家粮食安全的现代科学技术支撑体系。总之，在现代农业发展过程中，要树立绿色、低碳发展理念，积极发展资源节约型和环境友好型农业，不断增强农业可持续发展能力，解决"怎样种粮"的问题。

2 构建促进城乡一体化和村镇建设的制度链条，进一步推进农村土地产权制度、税费制度改革，突出制度、措施实施的精准性

（1）以产权改革为切入，推进农村土地制度创新

现阶段我国农村问题的核心是土地问题，而土地问题的核心则是农村土地产权制度。目前我国实行"城市国家所有"和"农村集体所有""两轨并行"的土地制度。由于农村土地产权主体不明确、权能不完整，导致农村土地流转市场不健全，严重影响了农村土地资源使用效益和空间优化配置效率以及农民土地资产转化为资本的可行性，尤其是耕地难以实现规模经营，空废宅基地难以实现流转配置，已成为稳定农业生产、保障粮食安全、保护农民权益的主要瓶颈因素，影响着农业现代化、新型城镇化和统筹城乡发展的进程。亟须以完善产权制度为基础，在农村土地集体所有框架下，在法律上建立集体土地所有权、承包权、经营权三权分置的制度，

从农村土地征收、集体经营性建设用地入市、宅基地制度改革等方面推进农村土地制度创新，为实现农村土地资源优化配置、搭建城乡要素平等交换平台、增加农民财产性收入提供制度保障。

1）坚持农村土地集体所有权的根本地位，严格保护农户承包权，加快放活土地经营权，通过"确权颁证"、"还权赋能"，建立集体土地所有权、使用权、收益权三权分置的制度，健全农村土地产权价值与收益评估机制、产权流转交易的保障体系。

《物权法》颁布实施之后，把农村土地集体所有制基础上产生的土地承包经营权和宅基地使用权确定为一种用益物权，规定农民等使用者对其依法享有占有、使用和收益的权利。农村土地使用权用益物权法律性质的确定，使农村集体土地的"所有权"与"使用权"发生分离，农村土地产权由"弱化"、"残缺"的使用权逐步走向私法物权意义上的财产权。农村土地承包经营权确权颁证是实现农民土地财产性权利、促进农村土地流转和规模化经营的重要途径。是农地依法进入市场的先决条件。2013年1月31日下发的中央一号文件提出，全面开展农村土地确权登记颁证工作。2014年中共中央、国务院《关于全面深化农村改革加快推进农业现代化的若干意见》明确提出要"抓紧抓实农村土地承包经营权确权登记颁证工作"，这是强化农民土地承包经营权物权保护的重要措施。

进一步深化农村土地产权制度改革，不仅需要"确权颁证"，还需要"还权赋能"。十八届三中全会通过的《中共中央关于全面深化改革若干重大问题的决定》明确"赋予农民对承包地占有、使用、收益、流转及承包经营权抵押、担保权能，允许农民以承包经营权入股发展农业产业化经营"，"保障农户宅基地用益物权"，"慎重稳妥推进农民住房财产权抵押、担保、转让"，"在符合规划和用途管制前提下，允许农村集体经营性建设用地出让、租赁、入股，实行与国有土地同等入市、同权同价"。由此可见，农村土地制度产权改革旨在从法律上建立所有权和使用权制度，赋予农村居民土地财产权和实现农民土地财产权益，让土地用益物权成为农民最重要的财产权利。

现实操作中农地经营权流转、抵押、担保和宅基地使用权抵押、担保、转让权能有利于发挥土地承包经营权的融资功能，增加农民土地财产性收入，促进土地流转和规范经营。但在承包经营权和使用权物权化的过程中，必须健全产权价值与收益评估机制，科学全面评估土地的生产价值、生态价值、文化价值，建立兼顾国家、集体、个人的土地增值收益分配机制，切实保障农村集体经济组织成员权利。如对农地经营权抵押而言，若仅以种粮的价值来衡量抵押贷款发展农业生产的能力，改革效果将大打折扣。为防范土地承包经营权抵押、担保造成的潜在风险，建议用于抵押、担保的土地承包经营权不能超过一定比例，设立农地流转风险补偿基金和抵押贷款担保基金等关键性制度和机制，建立产权流转交易的保障体系，切实做好土地承包经营权抵押、担保的风险预估。

2）加快推进农村产权股份合作制改革，规范引导农村土地承包经营权入股行为。《农村土地承包法》规定，"承包方之间为发展农业经济，可以自愿将土地承包经营权入股，从事农业合作生产"。十八届三中全会通过的《中共中央关于全面深化改革若干重大问题的决定》进一步明确"允许农民以承包经营权入股发展农业产业化经营"，进一步拓宽了土地承包经营权入股的范围。股份合作是土地流转的形式之一，截至2013年底，采取股份合作方式流转面积占土地流转总面积的6.9%，比2012年底增长了44.3%。为减少由于集体经济内部产权模糊带来的政企不分、腐败高发问题，兼顾农民外出打工、土地价值上升等实际问题，建议实行"确权、确股、不确地"的政策，即对于农村集体土地应当确权、确地到集体经济组织的名下，不一定要明确到每户农民家庭的名下；对于包括土地在内的集体经济组织的资产，应当"确股"到每户农民家庭的名下[1]。为防范农民入股因法人经营不善倒闭导致农民失去土地承包经营权，建议进一步明确，农民土地入股不得改变原有土地承包关系，即使企业倒闭破产清算，受到影响的只是有限年度的土地使用权[2]。

3）进一步加强农村土地征收、集体经营性建设用地入市、宅基地制度三项制度改革。完善农村土地征收制度，明确土地征用的公共目的和用地

---

① 刘振国. 劈波斩浪再起航——全国两会代表委员热议全面深化改革[N]. 中国国土资源报，2014-03-10.
② 张红宇. 健全完善农村土地制度的若干建议[J]. 南方农业，2014.

范围，对营利性和非营利性用地严格加以区分，保证不同性质的用地采用不同的供地方式；规范征地程序的管控细则，建立健全征地规划、审批、监管的全过程管理制度；根据不同类型地区的特点，制定改革征地补偿标准、失地农民多元安置保障机制、保障被征地农民长远生计的总体方案，解决好被征地农民的长远发展。推动农村集体经营性建设用地使用权入市改革。合理界定农村集体经营性建设用地的主体、所有制、类型和入市范围；在法律允许或授权范围内有序推进农村集体经营性建设用地入市改革试点，有序推进农村集体经营性建设用地使用权入市制度建设；明晰价格机制、建立交易制度、完善收益分配制度，创建农村集体经营性建设用地使用权入市的管控体系。

针对新形势下农村人地分离、土地废弃闲置的问题，切实加强农村宅基地规划与计划管理，探索建立农村宅基地有偿使用制度和城乡发展一体化背景下农村宅基地合理流转与优化配置机制，创新以激励机制和约束机制为核心的废弃闲置宅基地盘活与退出机制。考虑到农村集体土地依然承担着农民的基本生活保障和基本居住需求功能的现实，建议将宅基地使用权的退出机制与配套保障制度结合，进一步完善社会保障制度、户籍制度、教育制度、医疗保险制度、住房制度以及放弃土地承包权和使用权的收益补偿制度，以增强土地流转和退出的内生推动力。

鉴于新一轮土地制度改革涉及农村土地权利、集体土地使用、土地征收补偿、土地收益分配等一系列制度调整，建议立法机关尽快启动《土地管理法》《土地承包法》的修订程序，加快制定出台《土地利用规划条例》《农村集体经营性建设用地流转条例》《农村集体土地征收补偿安置条例》《国家土地督察条例》等。

（2）深入推进农村税费制度改革

农村税费改革是继土地改革、家庭联产承包责任制之后的第三次重大改革。农村税费改革是针对现行于农村和农业领域的税费制度的改革，其力图通过打破旧有的农村分配体系，将国家、集体和农民的分配关系重新梳理，最终实现对农村经济利益格局的重新调整。2001年，中央提出要对农村税费制度进行改革，并逐步在部分省市进行以"三个取消、两项调整和"一项改革"为主要内容的试点和推广。2006年全面免除农业税，"皇粮国税"这一烙在中国农民身上几千年的印记彻底成为了历史，农村税费改革取得重要历史性成效。伴随税费改革的持续深入，税费改革遇到了很多新问题。

1）税费制度改革面临的现实挑战

①县、乡二级财政吃紧，政府管理体系紊乱。税费改革之前，地方政府每年从农民手中收取的农业税和"三提五统"费用占整个乡镇财政收入的近80%。税费改革以后，虽然中央政府加大了对地方财政的转移支付力度，但依然不能弥补因为取消农业税和各项收费给乡镇财政带来的收缩。2005年为进一步缓解县乡财政困难，中央财政实施了"三奖一补"政策，对财政困难的县乡增加税收收入和省市政府增加对财政困难县财力性转移支付、县乡政府精简机构人员、产粮（油）大县给予奖励，对以前缓解县乡财政困难工作做得好的地区给予补助。2009年以来，为促进县乡财政"保工资、保运转、保民生"，中央财政建立了县级基本财力保障机制，保障了基层政府实施公共管理、提供公共服务、落实各项民生政策的基本财力需要。虽然中央出台了多项保障县乡财政的政策措施，但对于本身业务的"权责"仍难以匹配，县级单位内是各政策具体落实的区域，工作任务和难度均较大。县级财政难以有效维持地方高校有序运行，负债运行成为政府的常态化状态。县级行政主管部门作为乡镇这一级直接负责机构，乡镇层次的发展受制于上一级政府的决策。乡镇政府一直面临着精简行政机构，简化干部队伍的难题。现实的问题确是乡镇政府工作压力大，面临一线的困难问题，疲于应付上级的各项考核和检查，无力抽身一心谋发展。

②税费改革后农民增收面临现实困难。我国农村税费改革总体上能够比较显著地提高农民人均纯收入，年均贡献率达到8.1%，政策效果应该予以肯定。但是，从政策实施的时期效应来看，农村税费改革政策对农民人均收入提高的长期效应不显著。取消农业税、粮食直补等政策对于调动农民从事农业生产的积极性有一定的作用，但是从长远看只有能够刺激农户更多地投入农业生产要素的政策才能起到明显的激励效果。农业生产效率较低，经济效益不明显的现实困境仍未突破。税费制度改革后农生产要素流转

体系尚未建设完善，农村经济体系在快速城镇化背景下受到冲击较大，农业生产的发展必须以增加农民实际收入为准则，有效改善农民的生活水平。

③农村公共服务产品供给欠缺。农村税费改革对乡镇政府的财政职能有着显著影响，对农业生产支出产生显著的正面影响。上级转移支付力度加大和工农业总产值的增加促进了乡镇政府总支出水平的提高，但大部分支出被行政管理支出所占用，这使得乡镇政府对其他公共服务供应不足。因历史原因遗留下来的债务，因失去有效的财源，债务沉重也是乡镇财政运行困难的主要原因之一。乡镇公共投资的资金来源趋于单一，县级以上专项资金几乎成为唯一的筹资方式。窘迫的县乡财政状况，必然对农村公共物品投资和公共服务带来影响。不论是县级财政还是乡级财政都无力支付农村公共服务产品的投资，这必然导致农村地区基础设施的落后，生产发展的制约因素显而易见。调研中42%的民众认为，加大基础设施建设是下一步农村发展先发工作，有些村民反映只要路修好很快就可以实现脱贫致富。

④村民自治体系面临现实挑战。自改革开放以来，农村地区政治经济主体单元以村民自治组织为核心，开展统分结合的双层管理模式。市场经济冲击下，农村自治组织的经济功能逐渐弱化，政治功能也相应淡化，税费改革实施后，村民与集体组织的最后的纽带基本断裂农村地区逐渐演化为"散、乱、空"的代名词。某些地区村民自治组织形同虚设，无法真正起到组织民众发展生产，有效提高农村管理水平的历史重任。税费改革让农民抛开了原有经济体系的束缚，从某种意义上讲是机遇与挑战并存的双向运行通道。当前农村发展面临的组织架构虚设，村民自治组织零散，村庄缺乏有效领导等一些问题，说明税费改革过程中，在破除原有农村影响生产力发展障碍的同时，尚未形成新的促进生产力发展的路径。

2）经济新常态下税费制度改革创新思路

①构建权责协调的财政转移支付体系，加大农村地区财政支持

权责明晰的财政体系，顺畅合理的转移支付体系，是后税费改革时代必须建立国民收入再分配体系。随着我国农村税费改革的深入进行，县乡财政逐渐陷入困境，特别是全部免征农业税和各种提留款后乡级财政更是步履维艰，乡镇政府长期处于负债运营，长期积压的债务难以化解，乡镇

政府成为中国行政体系中末梢神经的"堵点"。要解决这一问题，必须大力发展县域经济，积极培育县乡收入增长点，只有通过有效增加地方经济实力，扩展财税的来源。研究扩大县级财政自主决策权利，下方财政审批权力，减少财政流通障碍。构建以权责明晰为代表的财政转移支付体系。财政转移支付系统作为有效调节财政平衡的有效工具，加大向困难地区的县乡财政转移支付力度，对生态环境保护做出突出贡献的地区加大生态转移支付。当前县乡政府作为行政体系中直接应对农村复杂局面的基层组织，承担了大量行政业务，但是目前的财税分配体系下，这两级政府部门得到了财政支撑力度与承担的业务不相匹配，难以有效调动基层的积极性和创新性。因此权责明晰的财政转移体系，是当前税费改善必须突破的坚冰。

在取消农业税的征收、减轻农民负担的同时，还必须加大农业生产补贴，提高补贴精度，把补贴资金真正发放到实际农业生产者手中。加大对农业产业的税收倾斜，减少农业生产者的经营成本，增加农民收入。加大财政支农力度，提高支农资金使用效率。传统财政支农资金的提高对农民收入水平提高的贡献率不高，主要原因在于支农资金在使用过程中无法保重最终的去处，无法确保最终效果。因此必须加强财政支农资金的使用管理，确保支农资金能够落到实处，提高支农效果。财政支农资金的提高与农民收入水平提高有显著的正效应，因此应该进一步加大财政转移支付，加强财政支农力度，确保财政支农资金的稳步增长。

②重建以村民自治组织为核心的农村生产体系，完善农村生产要素的组织

统分结合的村民自治组织作为我国法定的农村基层合法组织，应该得到有效的确认和深化。税费改革后，农民与村集体的物质和资金的往来基本断裂，农户成为缺乏组织的个体，在快速城镇化背景下，农民只能依靠有限的信息开展经济活动，不同农民根据自身生产技能的不同开展不同类型的工农业生产。几年来农民与土地的关系出现较大程度的分离，农民与土地的关系呈现出多尺度的变革，宏观上农民仍离不开土地的兜底作用，中观上农民对土地保持复杂的感情无法割舍又难以投入有效的精力开展精耕细作，微观上农民与土地的关系呈现彻底分离的危险。以税费改革为带动的农村地区生产力要素的外流，加之农村地区自治组织的不健全严重影

响了农村地区发展。以村民自治组织为核心的农村基层管理体系的改革应该成为深化农村地区改革的突破口。

村民自治组织作为农民合法的利益主体应该得到法律的确认。以"散、乱、空"为代表农村现状正好验证了农村地区急缺一个核心代表来理顺农村地区的各项矛盾。经济新常态下农民工回乡务工务农成为大势所趋，这一部分人回乡如何调动他们积极性，充分发挥这部分人的生产潜力将会成为带动农村发展的重要动力，如果不能有效处理这部分人的生产生活需求，将可能成为农村地区的新的"安全隐患"。打破传统意义上的农村自治组织形式，引入现代生产模式，借鉴国外的村民自治组织的优点，有效推动村民自治体系的优化与配置，从原有简单的自治体系逐渐演化到经济合作管理模式，强化村民与集体的联系，制定合理的利益分配体系增加农民的实际收入，扩大村民的集体议价权利，逐步向村民合作组织转型。农村地区管理改革已经到了迫在眉睫的时期，必须以经济常新态为转折点，有效推动农村地区管理体系的改革，才能起到事半功倍的效果。

3 以产业培育为核心，增强村镇发展的活力和动力，搭建农村产业发展和创新、创业的政策支持平台

（1）培育农村特色产业和小微企业，加大对各类市场主体的扶持力度

当前，我国经济发展正面临国际国内经济增速减缓、区域性发展方式转变与产业结构调整等复杂形势，社会经济系统对劳动力需求的强度和类型都发生着显著变化，企业用工量少特别是用普通工人量减少的问题尤其突出，返乡人口的比例高、回村镇谋求生计的比重大，特别是一些失地、无地农民面临就业无路、务农无地的现实难题。如何适应新常态，重塑发展新动力，是亟待解决的根本性问题。建议应对经济运行新趋势、城乡转型发展新要求，积极探索培育农村特色产业和小微企业发展的新举措、新政策。

经济新常态下我国消费向个性化、多样化转变，农村地区优质、绿色、生态农产品市场空间巨大，产业培育应重点支持特色农产品良种繁育、产业基地建设、产后加工、市场流通、品牌培育以及养老产业、养生产业、休闲农业的发展。建议扶持一批产业带动强、发展潜力大的龙头企业，通

过生产经营的专业化、标准化、规模化、集约化，统筹相关资金渠道建设一批与龙头企业有效对接的特色产业基地，建立龙头企业、农民合作社与农户紧密联结的利益机制，将产品生产、加工、销售有机结合，延伸产业链条，促进产业发展和农民增收，增强农村地区发展的活力和动力。

政策层面上，进一步优化投资环境，加大对各类市场主体的扶持力度，为社会资本和组织资本的发育创造条件，提供有利于产业发展的土地使用、税收减免、授信贷款、利率优惠、基础设施配套等优惠政策。同时需警惕纯粹的外地产业资本和工商资本进入造成的收入和利润的外漏。在招商引资和产业选择上，应科学评估资本进入的社会、经济和资源环境效应，防止出现"扶产业未扶经济"、"扶农业未扶农民、未扶农村"的现象。针对经济增速放缓导致的贫困人口就业、收入水平的阶段性波动或下滑，支持依托特色产业基地先行开展农村土地承包经营权、集体林权、农村小型水利工程所有权等确权和集体资产股份合作改革，实现农村资源资产化，增加农户财产性收入；创新财政支农资金使用方式，开展财政资金股权量化试点，通过资金集中使用促进产业发展，使农户获得长期稳定的股权收益，同时带动农户到产业基地就业和学习技术，增加工资性收入，建立多元化增收长效机制。

（2）加快深化农村金融改革，破解农村产业发展的资金短缺、贷款困难问题

近些年来，中央的1号文件突出强调深化农村金融改革。但目前农村金融仍是整个金融体系中最为薄弱的环节，贷款难、贷款费用高无法适应现代农业发展的需要，一直是制约农村产业发展的瓶颈。典型调研显示，37.6%的农户反映缺乏产业发展资金。建议国家政策层面进一步引导涉农资金投放力度，支持银行业金融机构发行专项用于"三农"的金融债，加大对农村地区小微企业发展的金融支持力度，加大对农业规模化生产和集约化经营的信贷支持力度，满足家庭农场、专业大户、农民合作社和农业产业化龙头企业等新型农业经营主体的金融需求。

针对农户难以提供贷款担保和抵押的问题，建议创新农村抵押担保方式，进一步推进农村土地承包经营权、宅基地使用权抵押贷款试点，扩大林权抵押贷款规模。在农民合作社和供销合作社基础上培育发展农村合作

金融组织，探索建立合作性的村级融资担保基金，出台针对农民合作社、家庭农场贷款抵押质押的具体办法，切实解决贷款门槛高的问题。在金融保险方面，加快建立财政支持的农业保险大灾风险分散机制，增强对重大自然灾害风险的抵御能力，鼓励各类商业保险机构根据农村产业发展实际创新保险服务新产品，充分发挥保险的经济补偿功能。

（3）积极培育新型农业经营主体，发挥各类乡村能人创新、创业的示范带动效应

在城镇化、工业化的驱动下，种粮比较效益低下、当地非农产业不发达，促使农村地区大量青壮年劳动力向经济发达地区转移，由此造成农业兼业化和农村发展主体弱化，影响农业生产效率的提高和现代农业的发展。与之相对的是，近年来，农村土地流转速度加快，截至2013年底，全国耕地流转面积达到3.4亿亩，占家庭承包耕地总面积的比重为26%。家庭农场、经营大户、农民专业合作社等新型经营主体已经大量出现。针对农业经营主体面临的新问题、出现的新情况，建议探索建立"职业农民注册登记"制度，着力培育从事现代农业生产的新型经营主体。加大对各类乡村能人队伍建设的引领和投入，发挥民间组织的作用，培育企业家精神和创新文化，强化创业辅导，为乡村各类能人提供能力提升、综合素质培训的机会，形成乡村能人常态化培训机制。完善股权激励和利益分配机制，保障创新创业者的合法权益，发挥各类乡村能人对创新、创业的示范带动效应，加快形成大众创业、万众创新的局面。

4 加快完善惠及民生的各项政策保障体系，加大国家对农村低保、医保、新农保等公共资源的投入力度

从2004年开始，我国陆续开始实施良种补贴、种粮直补、农机补贴和农资综合补贴"四项补贴"制度。对13个省124个村1514个农户（下同）抽样调研显示，分别有87.32%、64.86%的农户高度赞扬良种补贴、农机补贴政策，但生产资料价格的上涨影响补贴政策的实施效果。调研典型村庄2014年山东省禹城市伦镇牌子村小麦亩产约1100斤/年，玉米亩产约1200斤/年，每年种地毛收入约2000元/亩。但每年种地投入800～900元/亩

（包括机耕约120元/亩，机收120元/亩、化肥约200~300元/亩、种子约70元/亩、灌溉、农药等约400元/亩），种地投入基本占毛收入的一半。如果将农业劳动力的物化成本考虑进去，种地劳动成本以50元/天为计，每亩地上每个劳动力全年实际务工时间以25天为计，这样算来，与进城打工相比，种地不赚钱反而亏钱。生产资料价格上涨、种粮效益低下使农业补贴政策对调动农民种粮积极性的实际效用不大。

2006年中央农村工作会议首次明确提出，我国将探索建立覆盖城乡居民的社会保障体系，在全国范围建立农村最低生活保障制度。2007年政府工作报告要求将符合条件的农村贫困人口纳入保障范围，重点保障病残、年老体弱、丧失劳动能力等生活常年困难的农村居民。农村低保的发放标准具有区域差异性和动态性，按照家庭的困难程度和类别，分档发放。通过典型调研显示，82.82%的农户认为我国农村低保政策的实施对于保障农村特困群体的基本生活起到了重要作用。同时，部分农户反映当前低保发放标准太低，无法满足低收入（无收入）群体的基本生活需要，如调研典型地区湖南省永顺县低保发放金额在95~105元/月之间，当地人均基本生活支出为400元/月。

2009年国务院办公厅发布了《关于开展新型农村社会养老保险试点的指导意见》，决定从2009年起我国开展新型农村社会养老保险试点，在2020年之前基本实现对农村适龄居民的全覆盖。新农保的资金来源由个人缴费、集体补助和政府补贴构成。其中，政府对符合领取条件的参保人员全额支付新农保基础养老金。中央确定的基础养老金标准为每人每月55元，地方政府可根据实际情况提高基础养老金标准。新农保实际领取数额根据个人缴费档次，多交多得。新农保政策实行后，各地参保率快速上升，典型村镇抽样调研显示，新农保覆盖率达到90%以上。90.09%的调研农户认为新农保实施效果较好。但在实施过程中，因农户经济收入限制，个人缴费金额较低，加之政府补贴有限，实际领取的养老金数额较低，与城市企业离退休职工领取的离退休费相差甚远。

新型农村合作医疗制度是以大病统筹兼顾、小病理赔为主的农民医疗互助共济制度。2003年开始，我国在304个县（区、市）探索建立新型农村合作医疗制度试点。近年来，我国新型合作医疗发展较快，新农合参合率、人均筹资、补偿受益人次均呈稳步上升趋势。95.51%的抽样调研农户认为新农合的实施使农民切实得到了实惠。但访谈农户反映近年来药价和医院服务价格偏高，加之农户对可报销药品的种类缺少知情权，医生乱开药现象仍然存在，看病费用呈"水涨船高"态势，新农合政策实施背景下农民实际受益程度有限。调研表明，除乡（镇）级医疗机构外，其他等级医疗机构报销比例普遍偏低，县级医疗机构就医实报比例仅为40%～50%。而国家大病医疗救助门槛较高（个人支付金额在2万元以上部分可申请大病医疗救助基金补助）、实际资助额度有限（一年内累计救助金额不超过6000元），加之先交后补的政策使大多数贫困家庭垫付不起高昂的医药费。

鉴于以上政策实施过程中存在的制度障碍和现实难点，建议进一步创建和完善农村社会保障体系和社会救助体系。调整城乡公共资源分配关系，提高体现均衡性的一般性转移支付的比例，加大对国家对农村低保、医保、新农保等公共资源投入的力度，提高农村特殊困难群体的低保标准和基础养老金标准，有效衔接新型农村合作医疗制度和农村医疗救助制度。尤其对贫困地区、特困群体，由政府出资补助为其购买新型农村医疗、养老保险。加快完善社会救助体系，及时为突发重大伤病、重大灾害或其他重大变故家庭提供救助。

5　强化政府在村镇治理中的宏观决策功能，加强村级领导班子建设，提高村民自治能力，创新农村基层的民主制衡机制，重构村镇自治体系，优化农村管理模式

村镇治理体系建设需进一步强化政府的宏观决策功能及对公共资源配置的调控作用，激发农民建设新农村的主体性与创新精神，引导农民、企业、社会团体积极参与建设规划。同时，提高农民组织化程度，加强村民自治。政府应提供政策保障来促进自治组织、行业组织、社会中介组织以及公益慈善和基层服务性组织等农村多元化组织结构的形成，一方面，通过促进农民合作社等经济组织的发展以提高农民进入市场的组织化程度，

另一方面提高农民在社会事务方面的组织化程度，有效发挥农民对公共事务的参与和对行政管理机构的监督效用。

（1）村镇治理面临的困境与迷局

1）"乡政村治"行政体系面临现实的挑战，难以实现对县及其以下区域的高效管理

1983年10月，中共中央、国务院发出《关于实行政社分开建立乡政府的通知》，全此人民公社体制下逐步演化成"乡镇－村民委员会－村民小组"三级体制，通过政社分开、党政分开、撤区并乡、乡村分治等一系列方式，形成了"乡政村治"的治理结构。在农村产权结构及经营管理体制的非集体化和分散化的同时，农村基层组织和管理体制也出现了明显的非集中化和分权化。国家权利在人民公社时期的大举下移的情况，在新时期由于"乡政村治"管理模式体系尚未完全崩塌。乡镇政府虽然作为最底层次政府机构，在组织建构上，功能配给上等方面都不具有一级政府所具备的组织框架，但是乡镇政府作为权利派出机构，行使着我国的权力机关的角色，在农村地区代表着国家行政力量存在。而作为乡村自治为代表的广大农村地区，村干部行政化、村委会政权化倾向严重，村民委员会作为村民自治组织的代表受到群众的质疑。村干部的权利过大，左右了村委会的正常的运转，村委会的地位受到严重冲击。基于以上分析可以看出，当前"乡政村治"为代表的村镇治理体系，已经不能满足当前农村地区经济社会的快速发展，甚有可能成为发展的限制性因素，县级以下区域治理体系尚未形成完善的系统，村镇治理体系的破题是推动农村地区发展的重要催化剂。

2）统分结合的家庭联产承包责任制和村民委员会为基础的村民自治体系到了转型的十字路口

统分结合的家庭联产承包责任制在成立初期极大地推动了农村生产力的发展，村民委员会作为人民公社的替代者，是治理农村地区的形式上的机构。三十年改革开放过程中，城市经济体制经历了深刻的变革，城乡发展差距在过去三年不断放大，城市已经走上快速发展的快车道，而农村地区仍匍匐于制度和管理的层层限制，农村地区落后成为制约全面建设小康社会的一大隐患。城进农退的过程中，家庭联产承包责任制和村民自治体

系都面临着重大挑战，无法有效调动农村地区的成产发展，无法有效组织农村地区高效管理，无法有效推进农村产业化进程。分散的农户已经不能应对快速的市场变化，村集体由于资金的限制难以有效开展公共服务事业，"统"、"分"结合的结构体系面临调整。村民自治体系下农民利益难以得到有效保重，村委会缺乏有效监督，村民缺乏有效组织，农村自治体系下的组织结构面临历史的变革。

3）快速城镇化背景下，村镇治理体系改革落后于土地利用转型，导致村庄整体的衰落

土地制度是农村基本的经济制度，是村镇建设的物质基础。现当前农民与集体、农民与政府、农民之间的关系以及村民自治体系在相当程度上是基于农村土地权属关系建立起来的。每一次土地制度及产权关系的重大变化，最终都导致农村社会结构及组织管理制度的变化。快速城镇化过程中我国土地利用转型发生深刻的变革，推动我国我国农村土地制度也发生了重大变化。农地流转变动更加迅速和普遍，农村地权关系及村民关系将变得更加复杂，农业产业化、规模化成为大势所趋。在此背景下，传统村镇管理体系、乡村集体组织模式、农村自治组织形式都面临重大挑战。村镇治理体系落后于市场经济推动下土地利用的转型，滞后于以市场为导向的农村生产要素的流动，成为制约农村发展、限制要素流动的屏障。

（2）以土地制度变革为核心优化村镇治理体系

1）加速推进土地确权颁证，推动以产业化生产为代表的村庄经营体制的变革

土地确权颁证作为农村土地制度的变革打下坚实的基础。农村地区长期以来形成了土地与农民密切复杂的多层经济政治关系，土地制度变革会引发农村彻底的改变，深刻地影响了农民有土地的关系，进而引发连锁反应，推动农村地区生产经营方式的转变，倒逼村镇管理体系的变革。土地确权颁证为农村地区开展土地流转为代表的土地组织方式的变化创造有利条件，进而带动农村地区有效开展产业化、规模化生产，极大提高带动农业生产效率。土地集约利用将得到有效提高，农民的生产生活形态将发生转变，农民参与集体经济活动的积极性将会提高，农村开展多种经营的潜

力得到释放，农村经济面貌得到改善，农村居民在市场经济中的地位会得到提升。

2）以农业产业化生产为契机，有序推动村民自治组织形式的创新

当前农村"散、乱、空"局面出现，既是快速城镇化过程中农村组织方式与市场经济不符的结果，又是农业作为基础性产业适应性差的客观现实。打破传统农村的生产生活组织方式，跳出以小农经济为代表的传统耕作方式是未来的农业转型的重要方向。以农业产业化生产为契机，推动村民组织形式的变革，继而为农业发展提供良好的外部环境。"经济基础决定上层建筑"的理论体系，在农村管理体系改革的过程中体现尤为明显。开展农业产业化经营对提升农村的经济实力有较好的作用，在参与市场经济的过程中农民的民主意识和参与管理的意愿得到提高。农村经济组织方式和农民自治参与形式会得到深刻的变革，进而带动村庄管理方式和村镇治理模式的变化。

3）优化村镇治理体系，创新村民自治体系为核心的乡村管理模式、乡镇为县级派出机构的乡镇管理体系

村镇治理体系的改革是关系农村长远发展的战略决策。村镇作为我国最基层的行政单元，也是国家农村发展政策的最终落脚点，村镇治理体系顺畅与否直接决定了惠农政策的落实与实效的发挥。因此优化村镇治理体系的既是国家行政体系改革的要求，也是关系农村长远的战略选择。减少行政层级体系是行政体系改革的内在要求，20世纪几次权利下乡的成果可是看出"权力止于县"的治理体系，在当前仍不落后，县级政府作为国内最为稳定的一级行政单位，在历史时期和现在都发挥了至关重要的作用。强化县一级的政府的行政能力，把乡镇政府作为县级政府派出机构，而非完整一级行政单位是未来改革的方向。

"士绅治乡"的传统在当前市场经济体系下，有一定的借鉴意义。农村地区出现的"能人治村"、"能人经济"现象是传统意义上士绅阶层治理乡村的变革，乡村需要能人的带动，能人需要乡村的广阔发展空间，二者得结合会形成一种全新的乡村治理模式。村民委员会作为村民的自治组织未来应该承担更多的经济和社会职能，以农业产业化发展为代表的乡村地区

出现了众多农民经济合作组织，协调农村经济合作组织与村委会的关系成为推动农村地区自治管理的有效契机。以市场经济为导向，以发展农业生产为目的的农村经济合作组织，可以引入村民自治管理系统。以农业经济组织为桥梁，重构乡村自治体系，优化农村管理模式是未来的乡村治理体系改革的主要方向。

6 加强不同区域、不同类型村镇发展形成机理、地域模式的研究和创新，优化村镇空间体系、重构乡村空间格局，分区、分类探索村镇规划的编制技术和标准

（1）优化村镇空间体系、重构乡村空间格局

随着工业化和城镇化的持续推进，作为乡村发展两大核心要素的人口与土地发生了剧烈的变化，对我国乡村地域的生产、生活与生态空间带来了深远影响。随着城镇化进程的加快，农村人口不断流入城镇，广大农村地区的村庄中心建设用地出现废弃和闲置。囿于户籍制度的障碍、农村宅基地退出机制不健全以及产权制度的缺陷，外流进城的劳动力并未实现彻底转移，造成大量农村宅基地被闲置，农村空心化现象明显。农村空心化的直接后果是，造成农村各类投资缺乏规模效益和产出效率，以致农村基础设施严重不足，乡村生活空间极为不便。此外，随着大量农村劳动力流向城镇，耕地被粗放经营甚至被弃耕撂荒，而农地的非农化和非粮化又使得耕地大量减少，并趋于破碎化，不利于规模经营，致使乡村生产空间受限。而初级的工业化布局无序且对污染物排放控制不严，直接导致农村土壤、地表水和地下水被严重污染，乡村生态环境不断恶化（图3-4-17）。而从我国村镇聚落的演进来看，我国广大村镇基本处于自然演进的模式，具有居住空间分散、基础设施薄弱的特点。空间的无序造成资源投资利用效率不高、资源优化配置困难、要素的流动耗在途中，因此有必要优化村镇空间体系、重构乡村空间格局，充分发挥中心村、中心镇的带动作用，强化产业培育和教育医疗设施配备，重塑村镇建设和发展的新的动力源。

乡村空间重构是一项集经济、社会、空间为一体的乡村发展战略，它立足于完善乡村在城乡体系中的作用和地位，通过农村经济社会的持续发

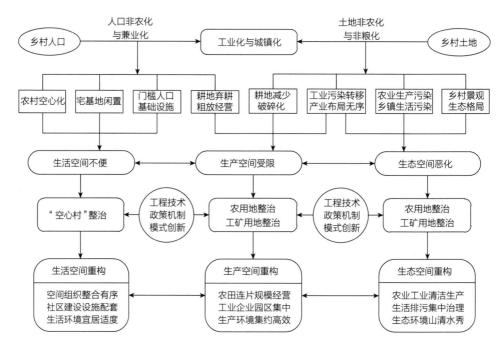

图3-4-17 乡村生产、生活和生态空间重构的优化模式

展，物质文明与精神文明的提升，以及空间布局的合理组织，改变城乡分割的二元体制和经济社会结构，实现城市与乡村发展的良性互动。对乡村地域生产空间、生活空间和生态空间的优化调整（图3-4-18），不仅是解决村镇自身发展中空间布局不合理的有效途径，也是优化城乡空间结构、推进城乡统筹发展的综合途径。

1）优化重构集约高效的乡村生产空间。乡村生产空间的重构应编制和实施城乡一体化空间布局规划，将生产发展比较低端、对农产品的依赖性较强、劳动密集型的产业适当集聚布局在农村地区；将技术密集型、资金密集型的高端产业布局在城镇地区，实现农村与城市地域上的有序分工协作。通过开展农用地整治，按照"田成方、树成行、路相通、渠相连、旱能灌、涝能排"的标准，大规模建设高标准集中连片的基本农田，便于实现农业的规模经营和农业生产基地的建立。通过开展工矿用地整治，使工业向工业园区集中。同时，乡村服务业向商贸区集中。非农产业基地应集中布局在区位条件优越、交通和通讯等基础设施完善的地区，农业生产适当远离城镇和中心村建设区，以防止优质耕地被非农占用。

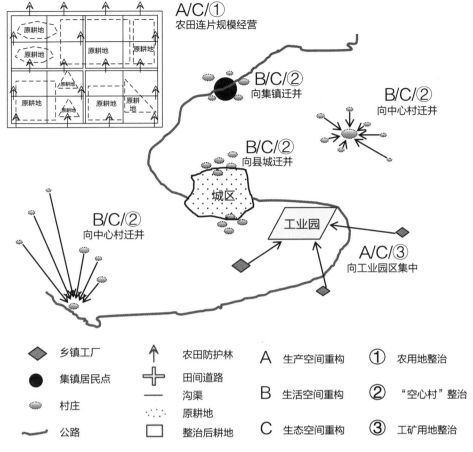

A/C/① 农田连片规模经营

B/C/② 向集镇迁并

B/C/② 向中心村迁并

B/C/② 向县城迁并

城区

工业园

B/C/② 向中心村迁并

A/C/③ 向工业园区集中

图例			
◆ 乡镇工厂	↑ 农田防护林	A 生产空间重构	① 农用地整治
● 集镇居民点	╬ 田间道路	B 生活空间重构	② "空心村"整治
❀ 村庄	— 沟渠	C 生态空间重构	③ 工矿用地整治
〰 公路	⠿ 原耕地		
	□ 整治后耕地		

图3-4-18　乡村生产、生活和生态空间重构的概念模式

　　2）优化重构宜居适度的乡村生活空间。根据我国农村居民点用地"散、乱、空"的现实状况，将农村组织整合作为乡村生活空间重构的"重中之重"。探索推进空心村整治、中心村建设、中心镇迁移的地域模式、制度措施。通过引导农民向社区集中、向行政村集中，解决农村聚落分散化布局问题，达到公共基础设施和社会化服务业的门槛人口规模。科学评估公共设施和基础设施配置、建设的适宜性，加强农村基础设施配套建设，同时提高基层政府的组织、管理与服务水平，增强农户的组织化程度，形成有利于城乡协调互动的乡村生活空间。

　　3）优化重构山清水秀的乡村生态空间。乡村生态空间的重构应基于农村生态系统自身特点，严格控制农业生产化肥、农药施用量，逐步实现清洁化、绿色化、无公害生产；建立生态（沟、渠、河、塘、库等）拦截系统，吸纳净化面源污染物，结合工矿用地整治强化污染物综合治理工程，确保农村生态环境质量安全，即形成减源、截流、治理体系；着力完善农村生态系统廊道，保护物种栖息环境，保持生物资源的多样性。通过开展土地综合整治，为农村产业发展提供清洁的生产空间，为农村居民提供健康优美的生活空间。

（2）加强分区、分类的村镇规划体系的编制技术和标准研究

面对农村空心化、人口老龄化、土地空废化带来的乡村发展诸多挑战，亟须统筹谋划、总体规划，加快中心村镇建设，完善公共服务设施，培育村镇特色产业，奠定就地城镇化、就业园区化的物质基础，提升中心城镇集聚性和综合经济实力。但当前村镇建设普遍缺乏系统的空间规划、建设规划、产业规划以及其他专项规划。《中国城乡建设统计年鉴》（2011）数据显示，全国47.3%的行政村没有建设规划，32.6%的乡没有建设规划。

近年来我国在村庄建设、农村基础设施配给等方面出台了一系列标准，如《村镇规划标准》（GB 50188-93）、《镇规划标准》（GB 50188-2007）、《村庄整治技术规范》（GB 50445-2008）、《镇（乡）村给水工程技术规程》（CJJ 123-2008）、《镇（乡）村排水工程技术规程》（CJJ 124-2008）、《郊区中心村住宅设计标准》（DGJ 08-2015-2007）、《生活饮用水卫生标准》（GB 5749-2006）、《农村户厕卫生标准》（GB 19379-2003）等。2015年6月1日，由质检总局、国家标准委发布的《美丽乡村建设指南》（GB/T 32000—2015）国家标准正式实施，对村庄建设、生态环境、产业培育、公共服务、基层组织、公共服务等方面进行了系统规范，为开展美丽乡村建设提供了框架性、方向性技术指导，使乡村资源配置和公共服务有章可循，使美丽乡村建设有据可考。然而目前，关于村庄规划与建设用地标准的相应技术及其工程规范较少，村镇空间体系构建、乡村空间重构的理论和技术方法还有待于深入研究，公共基础设施的配置仍未形成技术体系。

由于自然地理背景、社会经济条件、历史文化特征、宏观区域政策的差异性，我国区域差异显著。不同村镇在长期的演化中受自然资源、区位条件、生产力水平等诸多因素的影响和制约，形成了具有典型地域特色的

发展类型和发展模式。乡村发展和村镇建设规划的编制不能搞"一刀切"和"齐步走"的村镇建设规划，亟需加紧分区、分类的村镇规划体系的编制技术和标准研究，鼓励各地根据乡村资源禀赋，因地制宜、创新发展。建议着眼于区域尺度，从人口、资源、环境和发展的角度，加强对不同区域村镇发展的机理、发展类型、发展规律与地域模式的研究，探究农村发展人—地—业协同与可持续发展的科学途径。基于对要素-功能-机理-模式的深入研究，立足不同村镇的地域类型、发展阶段和发展能力，按照分区、分类、分阶段的原则，针对产业培育、迁村并居、农村环境整治、城乡资源一体化配置等重点领域，研制不同地域类型、不同发展阶段的村镇规划体系的编制技术和标准，突出发展态势引领性和政策保障的前瞻性，探索建立村镇建设多规划衔接、多部门协调的长效机制。

五　关于我国农村经济与村镇发展思考

（一）如何看待农村经济和村镇发展

我国最大的发展差距仍然是城乡差距，最大的结构性问题仍然是城乡二元结构。全面建成小康社会的重点难点仍在农村，农村社会发展、农业现代化、农民增收、农民工市民化是全面建设小康社会的短板。农村经济是国民经济发展的重要组成部分。推进农村经济可持续发展，直接关乎"三农"问题的解决和全面建成小康目标的实现。

应当充分认识到我国快速城镇化进程中暴露出的农村经济衰退、村镇发展落后的突出问题。在盲目追求经济总量、热衷城市建设的宏观背景下，地方政府普遍漠视城乡统筹发展，忽视经济规律，投资建设重城轻乡，致使广大农村面临生产水平低下、劳动力短缺、转型发展能力不足，大量青壮年人口快速流向城市带来了城进村退、城荣村衰，以及农村严重空心化的状况。如此下去，不仅难以实现城乡一体化发展目标，而且将会动摇农村稳定与安全的根基，其后果是十分严重的。尤其是我国中西部传统农区、广大的贫困地区农村，如何转型发展、协调发展、持续发展，面临着更加严重的挑战。

破解我国农村发展困境的根本出路，在于全面深化改革和制度创新。城镇化和乡村化是未来我国新型城镇化发展的重大战略选择。比如深化改革农村土地制度（承包土地经营权有序流转；农村土地征收、集体经营性建设用地入市、宅基地制度；"两权"抵押贷款制度等）、健全农业经营制度、明晰农村产权制度、创新户籍制度与公共服务均衡配置方式，无疑为新型城镇化、城乡发展一体化提供不竭的动力。

（二）如何看待新形势下的农村发展

随着我国经济发展步入新常态，经济增速放缓，经济发展方式转变，致使我国农村发展的外部环境和内在条件均发生显著的改变。制约农民就业、增收的老问题、新矛盾相互交织、迭加发生，未来农村发展的制约增多、难度增大。尤其是大规模的农民工返乡及其创业就业面临的困难和问题复杂多样。如何应对农村人地关系转型新态势、新问题，科学推进农村经济2.0转型升级，加快构筑农村"双创"平台及制度体系？成为全面深化农村体制机制创新，实现农村经济可持续发展的重要保障。

未来我国农村经济发展的主要途径：

（1）深化农村改革，推进城乡要素平等交换和公共资源均衡配置，创造农民增收的体制环境；

（2）稳步推进新型城镇化建设，加快推进户籍制度改革和农民工市民化；

（3）引导和规范土地经营权有序流转，转移农村剩余劳动力，推进适度规模经营，培育壮大各类新型农业经营主体，推进农业产业结构战略性调整，扩大农民增收渠道，带动农民增产增效增收；

（4）健全失地农民社会保障体系，加大返乡农民工创业就业力度；

（5）加快转变农业发展方式，补齐农村发展短板，围绕"强、富、美"总要求和中国梦宏伟目标，牢守耕地红线，搞好扶贫攻坚，通过加快农村土地流转与规模经营、培育现代市场主体、发展龙头企业、推进科技创新、建立市场网络，为实现农村更美、农民更富、农业更强，夯基础、搭平台、创机制。

（三）农村产业结构调整与区域布局

随着我国改革开放和现代化建设的不断深入，市场经济体制逐步建立，工农协调、城乡一体的格局有待形成，农业和农村经济发展进入了一个转型发展新阶段，需要主动面对许多新情况、新矛盾、新问题。在农业结构战略调整领域，主要包括以下三个方面：

（1）农产品供求格局发生了根本性的变化，农业生产的任务由解决温饱、追求产量的需要，逐步转向建成小康社会的需要，对农产品的品种和质量有了更高、更严的要求；

（2）农业发展已由资源约束变为资源与市场双重约束，当前区域性优势区、产业带尚未形成，不能充分发挥各地区的比较优势；

（3）按照WTO相关政策准则，我国农业正在经受激烈的国际市场竞争，农业价格"天花板"和成本"地板"的两板相夹，耕地保护红线、生态保护红线的两线相逼，为中国农业发展转型和优化区域布局提出的新挑战。在一定程度上，农村经济能否可持续发展，关键在于农业生产可否持续稳定和健康前行。此外，农村乡镇企业实行"关、停、并、转"调整政策后，其发展速度减缓，吸纳农村剩余劳动力能力和带动农业深加工、贸易发展能力明显减弱，难以持续支撑农业增效、农民增收和农村发展。

我国农村产业结构调整应遵循因地制宜，充分利用和合理配置资源的原则，以夯实农业基础为重点，全面发展现代农村经济，依靠科技进步，破解制约农业与农村可持续发展的现实难题。

（1）加强和稳定农业生产，特别是粮食生产，确保我国食物安全问题。作为发展中的农业大国，人口多、底子薄，人均土地少、生产力水平低，这是我国的基本国情、农情。

（2）遵循市场原则，提高农业比较效益，有效增加农民收入问题。长期以来，我国农业比较效益一直都比较低，再加上转型期农民增收乏力，直接影响了农户的生活消费和生产投入。

（3）新形势下的农村产业结构调整要求各地区、各部门应从市场需要和当地的优势出发，把二者紧密地结合起来，突出各地的资源优势、产品优势、区位优势以及各地的人才和技术优势，并制定出适合于本地区的结构调整规划，同时充分尊重农民的自主权，减少结构调整的盲目性。

在区域布局上，农村各地由于其自然、经济和社会、历史条件不同，其产业结构调整的侧重点也应有所不同。在沿海发达地区和城市郊区，应以花卉和无公害蔬菜为主，积极发展高产优质高效农业和农副产品加工业；在平原地区，则应以粮、菜、果、畜为主，合理布局并逐步建立肉、蛋、奶等生产基地，并适当发展养鱼和其他水产养殖业，同时在有条件的地区因地制宜地发展休闲观光农业；在广大农村山区，除了优先发展粮食生产外，还应充分开发、利用山区丰富的资源，加快绿色果蔬、食用菌、优质茶叶和草食畜牧业等的发展。

（四）未来乡村职能和功能的定位与审视

经济新常态背景下城乡一体化发展将影响未来我国乡村发展的战略方向。当前的乡村职能和功能如何调适、转型，也会深刻地影响到未来乡村发展的质量和水平。因此，当前须重视对未来乡村职能和功能进行全新定位和统筹谋划，定位决定地位、格局决定结局。

未来我国乡村发展要凸显区域中心城镇的引领性，带动农村转型、农业增收、农民致富。即使未来的城镇化率达到70%左右，我国乡村人口仍达5亿多，村镇依然是人口居住的重要空间。创建健康的村镇人居环境，亟须充分发挥村镇在乡村发展中的中心性、引领性，因此，合理制定村镇重建规划，加快建设村镇新格局，势在必行。

县域经济的农村经济发展的关键。县域重点镇、中心镇的地位十分重要，它们一方面是城市的"尾"，是以城带乡的重要枢纽；另一方面又是农村经济发展的动力引擎。因此，如何让经济结构的转型发挥战略性，起到支撑作用、保障作用和引领作用。

（五）乡村文明建设与现代乡村文化传承

目前的乡村建设普遍认为重视物质建设，而忽视了人的建设。而当前农民素质整体偏低，农村人居环境较差，在社会主义新农村建设中必须重视凸显人的主体性，充分实现人的主观能动性，转变过去重物质的建设理念，辩证分析当前农村经济、村镇发展问题，发挥农村建设过程中的产业主体、劳动力主体和文化主体作用。乡村文明史是中华民族文明史的主体，村庄是乡村文明的载体，建设并传承现代乡村文明，深入推进农村精神文明建设。重视以产业发展为基础，用生态的理念、民生的准则，着力推进美丽乡村建设，在乡村文明建设进程中留住乡愁、建设美丽乡村。

新农村建设亟须加快改善人居环境，提高农民素质，培养新型农民主体，推动"物的新村"和"人的新村"建设双管齐下。"物的新村"建设主要体现在人居环境质量的改善，而"人的新村"重点体现在健全农村基本公共服务、关爱农村留守群体、传承乡土特色文化，建设农村生态文明，实现农民安居乐业。

[1] 李兵弟. 改革开放三十年中国村镇建设事业的回顾与前瞻[J]. 规划师，2009，25（1）：9-10.

[2] Song Wei, Pijanowski Bryan C. The effects of China's cultivated land balance program on potential land productivity at a national scale[J]. Applied Geography，2014, 46:158-170.

[3] Yang Gonghuan, Zhuang Dafang. Altas of the Huai River Basin water environment: digestive cancer mortality[M]. Springer Science & Business Media, 2014.

[4] 胡宗义，刘亦文. 金融非均衡发展与城乡收入差距的库兹涅茨效应研究——基于中国县域截面数据的实证分析[J]. 统计研究，2010，27（5）：25-31.

[5] 郭敬，钟娴君. 集体建设用地使用权流转法律问题探析田[J]. 中山人学学报论丛，2005（7）：95-98.

[6] 国土资源部. 中国国土资源统计年鉴[M]. 北京：地质出版社，2013.

[7] 龚胜生，张涛. 中国癌症村时空分布变迁研究[J]. 中国人口·资源与环境，2013，23（9）：156-164.

[8] 刘彦随，刘玉，翟荣新. 中国农村空心化的地理学研究与整治实践[J]. 地理学报，2009，64（10）：1193-1202.

[9] 刘彦随，龙花楼，陈玉福等. 中国乡村发展研究报告：农村空心化及其整治策略[M]. 北京：科学出版社，2011.

[10] 刘彦随. 给失地农民坚实可靠的未来[N]. 人民日报，2010-09-29.

[11] 刘彦随. 新型城镇化应治"乡村病"（新论）[N]. 人民日报，2013-09-10.

[12] 刘彦随. 农村治污没有退路（新论）[N].人民日报，2013-02-26.

[13] 王晓毅. 农村发展进程中的环境问题[J]. 江苏行政学院学报，2014，2：58-65.

[14] 叶敬忠，贺聪志，吴惠芳等. 留守中国：中国农村留守人口研究[M]. 北京：社会科学文献出版社，2010.

[15] 付标，祝桂兰，康鸳鸯，等.河南省"空心村"治理与农村环境建设[J]. 生态经济[J]，2004，（12）：50-52.

[16] 刘彦随，刘玉，翟荣新.中国农村空心化的地理学研究与整治实践[J]. 地理学报，2009，64（10）：1193-1202.

[17] 温会毅. 关于我国村镇建设问题的探讨[J]. 新西部，2013，（18）：11，5.

[18] 冷智花，付畅俭. 城镇化失衡发展对粮食安全的影响[J]. 经济学家，2014，11：58-65.

[19] 张永恩，褚庆全，王宏广. 城镇化进程中的中国粮食安全形势和对策[J]. 农业现代化研究，2009，30（3）：270-274.

[20] 樊琦，祁华清. 转变城镇化发展方式与保障国家粮食安全研究[J]. 宏观经济研究，2014，8：54-60.

[21] 陈欣，吴佩林. 快速城镇化进程对我国粮食生产影响的实证检验[J]. 统计与决策，2015，6：124-126.